3D Printing

Perspective of Capital

透视3D打印

资本的视角

华融证券3D打印研究小组◎编著

U0305285

中国经济出版社
CHINA ECONOMIC PUBLISHING HOUSE
北京

图书在版编目（CIP）数据

透视 3D 打印：资本的视角／华融证券 3D 打印研究小组编著.
北京：中国经济出版社，2017.4（2024.1重印）
ISBN 978 - 7 - 5136 - 4570 - 6

Ⅰ.①透… Ⅱ.①华… Ⅲ.①立体印刷—印刷术 Ⅳ.①TS853

中国版本图书馆 CIP 数据核字（2017）第 003216 号

责任编辑　赵静宜
责任印制　巢新强
封面设计　久品轩

出版发行　中国经济出版社
印 刷 者　永清县晔盛亚胶印有限公司
经 销 者　各地新华书店
开　　本　710mm×1000mm　1/16
印　　张　19
字　　数　308 千字
版　　次　2017 年 4 月第 1 版
印　　次　2024 年 1 月第 2 次
定　　价　88.00 元

广告经营许可证　京西工商广字第 8179 号

中国经济出版社 网址 www.economyph.com **社址** 北京市东城区安定门外大街 58 号 **邮编** 100011
本版图书如存在印装质量问题，请与本社销售中心联系调换（联系电话：010-57512564）

引言

3D 打印又被称为增材制造，是一种新型的制造方式，始于 20 世纪 80 年代，经过 30 多年的发展，技术已经比较成熟，被广泛应用于航天、军工、医疗等领域，同时也被应用于与我们生活息息相关的文化创意领域。

2015 年 2 月，工信部、发改委和财政部联合发布《国家增材制造产业发展推进计划（2015—2016 年)》；8 月份，李克强总理主持国务院先进制造与 3D 打印专题讲座，听取了相关专家对于 3D 打印的介绍。我们相信未来将会有更多的扶持政策出台以支持国内 3D 打印的发展，该行业有望涌现出一批优秀的企业。3D 打印目前正处于导入后期到成长初期的过渡阶段，处于黎明前的黑暗！从市场表现看，未来几年，全球 3D 打印市场规模年均增速有望继续保持在 30% 以上，国内则超过 40%，相关优质企业业绩增速则远高于行业的平均水平。

为了能够让市场对 3D 打印有更加直观的认识，同时也为了实现资本和产业的良好结合，华融证券近期对 3D 打印进行了深度梳理，实地走访了 40 多家国内优质 3D 打印企业，足迹遍布全国 20 多个城市，行程数万公里，在与相关企业建立良好联系的同时，收集整理了大量一手资料。

我们希望通过这些研究，能够使市场更加了解这个具有朝气的行业，同时也希望能够借助资本的力量助推我国 3D 打印产业的发展，为我国向制造强国迈进贡献自己的一份力量。

本书内容涵盖 3D 打印发展历程及工作原理、3D 打印政策、3D 打印材料、3D 打印技术、3D 打印应用、3D 打印市场、3D 打印行业竞争格局以及我们对我国3D打印行业的研判。后附部分3D打印重点企业介绍。本书不仅是资本市场投资3D打印行业的最佳参考，也是相关政府官员、高校学者、企业高管以及广大的3D打印爱好者快速了解3D打印行业的最佳读物。

由于水平有限，书中错漏之处，恳请读者指正。同时，也希望就3D行业的发展提出不同的见解。

目录

第1章
3D 打印发展历程及工作原理

1.1　3D 打印发展历程

1.1.1　早期阶段（1984 年以前）

3D 打印技术的起源可以追溯到 19 世纪中期。摄影技术发明后不久，发明家开始尝试如何将二维图像转化为三维图像。1860 年，法国人 François Willème 首次设计出一种多角度成像的方法获取物体的三维图像。1892 年，Joseph Blanther 发明了用蜡板层叠的方法制作等高线地形图的技术。1904 年，Carlo Baese 注册了一项用感光材料制作塑料件的专利。20 世纪 60 年代，美国巴特尔纪念研究所（Battelle Memorial Institute）开展了一系列的实验，试图用不同波长的激光束固化光敏树脂，其原理已经非常接近后期的光固化成型技术。但由于受到计算机、激光、材料等领域的技术限制，3D 打印技术一直没有实质性的发展。1870—1984 年，在美国注册的相关的技术专利不到 20 项。

1.1.2　发展阶段（1984—2006 年）

1984—1989 年的五年时间里，3D 打印技术最核心的 4 个专利技术（SLA、SLS、FDM、3DP）相继问世，专利技术数量较 1984 年以前大幅增加，行业由此步入了发展阶段。3D Systems、Stratasys、EOS 等企业成立，开启了 3D 打印商业化的时代。同一时期的中国，以清华大学、华中科技大学、西安交通大学等高校为代表的研究团队开始研究 3D 打印技术，并研制出少量快速成型的样机。这些最早接触 3D 打印技术的高校研究力量形成了如今国内 3D 打印的"五大流派"。

3D 打印在 1996—2006 年的十年间经历了快速发展，LENS、DLP 等新技术出现，专注特定领域的新公司涌现，如 Objet（Polyjet 技术）、Z Corp.（3DP 技术）、Arcam（EBM 技术）、Envisiontec（DLP 技术）等。同时，工业级设备的成型速度、尺寸和工作温度大幅提升，但售价维持在较高水平。较为成熟的 SLA 和 SLS 技术开始应用于汽车、齿科、航空等行业。在中国，这一时期 3D 打印的技术研发仍以高校为主，由于国内对 3D 打印缺乏认知度，其产业化进度缓慢。这一时期国内出现了市场化的企业，如上海联泰三维、北京太尔时代等，3D 打印技术已经开始应用于泵阀、珠宝设计等领域。

1.1.3 成长阶段（2007 年至今）

2007 年开始，行业进入快速成长阶段。Rep Rap 和 Fab Home 开源项目的出现和 FDM 专利到期等因素，推动了桌面级 3D 打印市场的快速发展。在线打印服务这一新的商业模式出现，老牌设备厂商开始考虑新的增长点，开始重视打印服务，并购同行业公司。2013 年美国总统奥巴马的国情咨文演讲把 3D 打印推向新的高潮，此后两年多时间里，3D 打印上市公司的股价经历了过山车行情。

相比国外的热闹景象，国内对 3D 打印的关注度直到 2013 年才开始显著提升。此前工业级 3D 打印行业一直不温不火。2013 年 5 月，科技部公布《国家高技术研究发展计划（863 计划）、国家科技支撑计划制造领域 2014 年度备选项目征集指南》，3D 打印产业首次入选。2014 年，桌面级 3D 打印热潮传导至国内，短短一年内涌现出上百家厂商，而在此之前只有北京太尔时代和杭州铭展等少数几家以出口为主的厂商。2015 年 2 月工信部、发改委及财政部联合发布了《国家增材制造产业发展推进计划（2015—2016）》，首次将增材制造产业上升到国家战略层面。3D 打印也吸引了资本市场的关注，先临三维等企业登陆资本市场。

表 1-1　3D 打印行业发展历程表（1984—2014 年）

年份	全球	中国
1984	Charles Hull 申请光固化成型技术（SLA）专利	
1986	选择性激光烧结技术（SLS）发明；Charles Hull 创立美国 3D Systems 公司	
1987	叠层成型技术（LOM）发明；首台 SLA 设备面世	
1988	3D Systems 推出首台基于 SLA 技术的商用设备 SLA-250	清华大学颜永年教授在美国 UCLA 访问期间首次接触 3D 打印，回国后开始专攻 3D 打印
1989	熔融沉积成型技术（FDM）和 3DP 技术发明；美国 Stratasys、德国 EOS 公司成立	
1990	比利时 Materialise 公司成立；EOS 售出了公司的首台光固化设备	清华大学激光快速成形中心成立
1991	FDM 和 LOM 技术实现商业化	华中理工大学（现为华中科技大学）快速制造中心成立
1992	首台商用 SLS 设备面世；尼龙等材料的应用获得发展	西交大卢秉恒教授在美国密歇根大学访问期间发现 3D 打印技术在汽车制造业中的应用；清华大学研制出了国内第一台快速成型设备
1993	3D 技术商业化；首期 Wohlers Report 发布	北京殷华激光快速成形与模具技术有限公司成立
1994	电子束熔融技术（EBM）发明；美国 Sanders（Solidscape 的前身）发布蜡材质打印机；EOS 推出激光烧结设备	西安交通大学先进制造技术研究所成立；北京隆源自动成型系统有限公司成立；华中理工大学快速制造中心研制出国内首台基于 LOM 技术的样机
1995	Rapid Prototyping Journal 期刊创刊	西工大黄卫东团队开始金属 3D 打印研究
1996	激光净成型技术（LENS）发明；Z Corp. 发布首台基于 3D 技术的设备	武汉滨湖机电技术产业有限公司成立
1997	SLA 技术开始应用于齿科；3D Systems 获得风投	陕西恒通智能机器有限公司成立，卢秉恒团队研制出国内首台光固化快速成型机
1998	SLA 技术开始应用于汽车行业；Optomec 推出基于 LENS 技术的金属 3D 打印设备	华中科技大学史玉升团队开始研究 SLS 和 SLM 技术；北京殷华开始销售设备
2000	超声波增材制造技术（UAM）技术发明；以色列 Objet 发布多喷嘴 + UV 光设备；Z Corp. 发布全球首台商业化彩色 3D 打印机	上海联泰三维科技有限公司成立

续表

年份	全球	中国
2001	德国 Envisiontec 展出了基于 DLP 技术的设备；德国 Generis 展出了可以打印砂型的设备	清华大学颜永年团队研制出生物材料快速成形机
2002	瑞典 Arcam 推出基于 EBM 技术的设备 EBM S12	滨湖机电开始销售基于 LOM、SLA、激光烧结和挤出成形技术的设备
2003	EOS 推出采用光纤激光器的 EOSINT M270	北京太尔时代科技有限公司成立
2005	Stratasys 推出 RedEye RPM 打印服务；行业应用由原型制作向直接制造转变	
2006	桌面级设备进入发展期；金属 3D 打印关注度上升	Stratasys 在上海设立办事处
2008	英国巴斯大学团队发布首款开源打印机 RepRap；荷兰 Shapeways 推出 3D 打印服务，新的商业模式出现	
2009	ASTM F42 增材制造技术委员会成立；FDM 关键专利到期；MakerBot 推出基于 RepRap 开源系统的产品；3D Systems 推出 ProParts 打印服务业务	湖南华曙高科技有限责任公司成立；杭州铭展网络科技有限公司成立
2010	Stratasys 开始为 HP 代工 3D 打印机；3D Systems 开始大规模收购行业企业；3D 打印在齿科和助听器行业的应用迅速普及	太尔时代在海外市场推出 UP Plus 桌面级 3D 打印机
2011	Stratasys 收购 Solidscape；3D Systems 收购多家服务商；ASTM F42 发布 AMF 格式规范；桌面级设备销售首次超过工业级设备；EOS 装机量突破 1000 台	西安铂力特激光成形技术有限公司成立
2012	美国建立国家增材制造创新研究院（NAMII）；Stratasys 和 Objet 完成行业内最大规模合并；GE 收购 3D 打印服务商 Morris Technologies	北航王华明教授获国家技术发明一等奖；中国 3D 打印技术产业联盟成立；太尔时代推出 UP! Mini 桌面级 3D 打印机
2013	美国总统奥巴马发表国情咨文演讲强调 3D 打印的重要性；第一届 Inside 3D 大会召开；SLA 关键专利到期；金属 3D 打印设备需求提升；多家企业涉足医药领域	3D 打印产业技术联盟在南京成立；杭州捷诺飞生物科技有限公司在拉斯维加斯消费电子展发布生物 3D 打印机
2014	Stratasys 完成对 MakerBot 的收购；3D 打印上市公司市值大幅缩水；HP 发布 MJF 技术	国内桌面级设备厂商大量涌现；中国 3D 打印第一股先临三维在新三板挂牌；湖南华曙生产的激光烧结设备在北美销售

资料来源：华融证券。

1.2　3D 打印技术原理

3D 打印技术，又称为增材制造或者快速成型技术，是一种集合了机械、电子、软件、材料等多个学科的制造技术。增材制造，顾名思义，就是增加材料，以从无到有的方式制造物件。大到建筑行业的混凝土浇灌，小到蛋糕行业的奶油裱花工艺，都可以看作是增材制造。

美国材料与测试协会增材制造技术委员会（ASTM F42）对增材制造的定义是：一种与减材制造相反，根据三维数据把材料集中于一体的生产过程。按照这一权威定义，增材制造必须由数据驱动。

3D 打印其实和传统打印类似，都是由数据驱动硬件完成打印，且都集合了软件、机械、电子多个学科，但两者在打印材料和原理上存在极大的差异。3D 打印材料分为金属和非金属两大类，形态包括固态、液态、粉末等，每一类材料都对应一种或多种打印原理。因此，3D 打印远非"打印"那么简单，专业人士一般称其为增材制造。

表 1-2　传统打印与 3D 打印对比

	传统打印	3D 打印
数据类型	二维	三维
数据生成方式	文字输入、图片拍摄、画图	建模、画图、三维扫描
数据处理	一般无需处理即可打印	分层、转换、平滑处理等
打印原理	喷墨、激光	材料挤出、喷射、层叠、光聚合等
打印材料	墨水（液态）	金属材料、高分子材料（固态、液态、粉末等）

资料来源：华融证券。

3D 打印流程一般包括数据获取、数据处理、打印和后处理四个步骤。前两个步骤主要涉及软件和光学成像技术，第三个步骤涉及材料、机械和电子。前三个步骤相辅相成，任何一个环节存在问题都会影响打印的最终结果，后处理步骤更多是采用传统加工的方式改善打印物品的外观和特性。

由于打印步骤所涉及的技术和领域最广泛，行业内的关注点普遍集中在打印步骤，3D打印的核心技术大多也围绕着这一步骤发展。

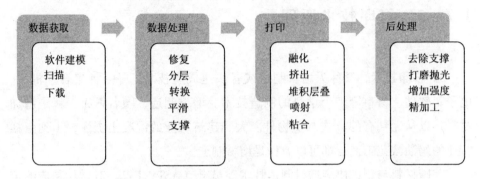

数据获取	数据处理	打印	后处理
软件建模 扫描 下载	修复 分层 转换 平滑 支撑	融化 挤出 堆积层叠 喷射 粘合	去除支撑 打磨抛光 增加强度 精加工

图1-1　3D打印流程

资料来源：华融证券。

1.3　3D打印技术类别

3D打印技术发展至今，在最初的基础上已经衍生出几十种打印技术。ASTM F42增材制造技术委员会在其发布的《增材制造技术标准术语》（ASTM F2792-12a）中把打印原理分为七类，主流的技术都可以归入这七类。

表1-3　3D打印原理类别

打印原理	技术	材料范围	国外代表公司	国内代表公司
材料挤出 （Material extrusion）	FDM	热塑性材料	Stratasys、 MakerBot	北京太尔时代、 杭州铭展
材料喷射 （Material jetting）	Polyjet、MJM、 DoD	光敏聚合物、蜡	Objet、 3D Systems、 Solidscape	康硕集团
粘合物喷射 （Binder jetting）	3DP	金属粉末、陶瓷 粉末、砂、石膏	Exone、 3D Systems	
薄片层叠 （Sheet lamination）	LOM	纸、金属箔、 塑料薄膜	Helisys、Mcor	滨湖机电
光固化 （Vat photopolymerization）	SLA、DLP	光敏聚合物	3D Systems、 Envisiontec	陕西恒通、联泰三维、 东莞智维

打印原理	技术	材料范围	国外代表公司	国内代表公司
粉末床融合 （Powder bed fusion）	DMLS、SLS、SLM、EBM、SHS	钛合金、钴铬合金、不锈钢、铝、金属粉末、陶瓷粉末、尼龙粉末	3D Systems、EOS、ReaLizer、Arcam	北京隆源、湖南华曙、华科三维、西安铂力特
定向能量沉积 （Directed energy deposition）	LENS、Direct metal deposition	金属合金	Optomec、POM	

资料来源：华融证券。

1.4　3D 打印产业链分析

1.4.1　全球 3D 打印产业链分析

　　3D 打印经过 30 年的发展，已经形成了一条完整的产业链。产业链的每个环节都聚集了一批领先企业。上游涵盖了扫描设备、逆向工程软件、在线社区、CAD 软件、数据修复和材料类相关企业，解决了 3D 打印的数据和材料来源；中游以设备企业为主，这些企业大多都提供材料和打印服务业务，在整个产业链中占据主导地位；下游打印服务是行业发展到一定阶段才出现的商业模式，该环节介于中游和下游之间，负责衔接 3D 打印与下游行业应用。从专业级别划分来看，企业大多数集中在工业级领域。

1.4.2　中国 3D 打印产业链分析

　　国内 3D 打印产业链中也是由中游设备企业占据主导地位。相比之下，中国 3D 打印产业链上游扫描设备和 CAD 软件环节力量薄弱，逆向工程软件和数据修复领域空白。之所以形成这种局面，一方面是由于国内企业进入这些行业较晚，另一方面是因为国内在知识产权保护方面和国外存在差距。国外厂商大多专注细分领域，通过长期的积累和投入形成了独有的技术优势，能够牢牢把握所处的环节。而国内厂商在细分领域的关注度普遍不够，时间积累也相对较短。要想在这些领域有所突破，单靠研发难度较大，采用整合的方式可以在短期内弥补短板。

		上游					中游		下游	
	扫描	逆向工程软件	社区、资讯网站	CAD软件	数据修复	材料	设备	打印服务	应用	
工业级	天远三维		美意网、美匠网、垒迪网、三迪时空、南极熊、天工社	中塑龙腾、苏州浩辰、数码大方		华曙高科、银禧科技、宇光飞利	北京易加、滨湖机电、华科三维、永年激光、普力生、华曙高科、西安恒通、铂力特、康硕集团、联泰三维、北京隆源、西锐三维	意造网、上海悦瑞、优克多维、魔猴网	品啦造像、阿迈特、极致盛放、苏州盈利、毛豆科技、阿迈特、捷诺飞、AOD、巧意科技、乔克兄弟	
消费级	先临三维、讯点三维				—	光华伟业、立现优品、Polymakr	太尔时代、珠海西通、杭州铭展、闪铸科技、磐纹科技、紫品立方、维示泰克、东莞智维			

图1-2 3D打印产业链（中国）

资料来源：华融证券。

1.4.3 行业整合路径

3D打印的核心专利大多被设备厂商掌握，因此在整个产业链中设备厂商占据主导地位。其中美国的 Stratasys 公司和 3D Systems 公司市场份额排名居前。Stratasys 公司的创始人是 FDM 熔融沉积技术的发明人，公司掌握了三项核心技术。3D Systems 的创始人 Hull 发明了 SLA 光固化成型技术，奠定了公司在 3D 打印和数字制造领域的龙头地位。

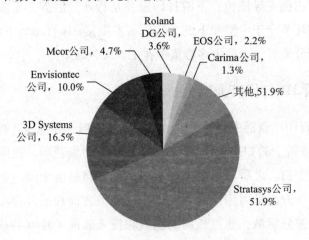

图1-3 2014年全球工业级厂商市场份额
资料来源：Wohlers，华融证券。

随着专利陆续到期，设备厂商的地位必然会受到冲击。近年来，3D 打印行业整合加剧，其中以 3D Systems 和 Stratasys 的整合路径最具代表性。3D Systems 采取上下游并购的发展路径，并购对象包括服务商、软件公司、材料和设备厂商。Stratasys 的整合路径以横向整合为主，如与 Objet 合并收购 MakerBot。通过一系列的整合，设备企业转变为综合方案提供商，加强了对产业链的整体掌控能力。与此同时，国内以先临三维为代表的企业也开始了行业整合之路。

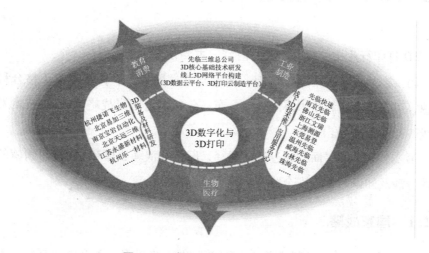

图 1－4　先临三维 3D 打印生态圈

资料来源：先临三维网站，华融证券。

2.1　3D 打印政策涉及的内容

3D 打印行业相关政策涉及的内容，主要分为两个层面：

第一，从科技政策制定层面，通过制定发展战略、科技政策，整合科研资源，引导资本流和技术流的合理分布。包括制定国家战略、产业/技术发展路线、行业标准等。

第二，从法律层面，通过法律解释，归纳和演绎法律在 3D 打印领域的适用性。涉及知识产权、安全监管、伦理等方面。

2.1.1　国家战略

3D 打印，美国自然科学基金会称之为"20 世纪最具革命性的制造技术"。

2012 年，英国著名经济学杂志《The Economist》称 3D 打印"将带来第三次工业革命"。

发达国家纷纷将增材制造作为未来产业发展新的增长点加以培育，制定了发展增材制造的国家战略和具体推动措施，力争抢占未来科技和产业制高点。

美国提出"再工业化，再制造化"战略，也称"重振美国制造业"发展战略，发展 3D 打印技术成为美国重要的国家战略。

欧洲、日本、澳大利亚等也制定并推出了各自的 3D 打印发展战略规划。

我国工业正在转型升级，《国家增材制造产业发展推进计划（2015—2016年)》和《中国制造 2025》的出台，将 3D 打印产业发展上升到国家战略。

2.1.2　产业/技术发展

为达成国家 3D 战略规划的目标,各国制定了可供选择的产业和技术发展路线,通过关键的 3D 产业技术行动带动整个 3D 战略的实施。

美国曾在 1998 年、2009 年制定 3D 发展路线图,而 2013 年由政府牵头组建的高规格的工作组,制定了新阶段的发展路线图。

欧盟在进行资金投入的同时,也开展了路线图的研究工作。AM Platform 先后制定了欧盟 3D 打印的技术路线图、产业路线图。

中国在《国家增材制造产业发展推进计划(2015—2016 年)》提出:国家工业管理、发展改革、财政等部门应加强统筹协调,强化顶层设计,研究制定增材制造发展路线图。

2.1.3　标准制定

总体来讲,行业标准化的目的是:

(1)通过定义产品的特征和品质来提高产品、过程和服务的质量,以满足需求。

(2)提高生活质量、安全系数、健康因素,以及环境保护的品质。

(3)在生产和流通环节提供材料,提高人力资源的经济性。

(4)一种适合参考或者具有法律约束力的文件,使得各个利益相关方之间的交流变得清晰明确。

(5)消除国际贸易中,由于不同地区经验差别带来的障碍。

(6)通过多种控制渠道提升工业效率。

随着 3D 打印技术的不断成熟及应用的不断扩展,其工艺和产品的标准化问题逐步凸显出来。由于这种新的制造工艺完全不同于传统的铸造、锻造,因此原有产品的检测标准并不完全适用于 3D 打印产品。同时,3D 打印产品也需要一些新的参数来进行表征,确保其不会产生原有工艺不存在的一些问题。

3D 打印制造涉及技术领域的方方面面,如软件开发还是产品设计,单件生产还是规模化制造,个人用品还是公共用品,标准化与个性化的共生共存问题,独立与兼容问题,都非常重要。同时,标准化对 3D 打印在一些特殊设备中的应用是至关重要的，如节能产品、飞机引擎、帮助病人康复的医疗设备等。

整个国际社会很早就对"个性化与标准化"有充分认识，从发展初期就开始制定相关技术标准。

2002 年，美国汽车工程师协会 SAE 发布了第一份增材制造技术标准。从 2009 年开始，美国材料与试验协会 ASTM 和国际标准化组织 ISO 分别成立了增材制造技术委员会，颁布 3D 打印标准。

最近，欧盟发布最新的"3D 打印标准化路线图"，以规整 3D 打印技术在发展战略中的位置及方向。

我国在《国家增材制造产业发展推进计划（2015—2016 年)》中提出建立和完善产业标准体系。

2.1.4　知识产权

3D 打印在建模阶段和成品打印阶段都可能涉及三维产品复制，从而涉及知识产权的问题，因此与知识产权制度中现有的专利、工业设计、著作权和商标等法律制度息息相关。但是，目前知识产权保护方面的法律，在 3D 打印领域仍存在空白。一方面，3D 打印涉及三维产品复制，将很有可能侵害传统制造流程中受到保护的知识产权；另一方面，国家在鼓励先进技术发展的同时，如何保护 3D 打印权利人的利益不因新技术发展而受损害，也是一个问题。

为了保护知识产权，中国与世界其他各国相继制定了相应的政策与法律。例如，《TRIPS 协定》(Agreement on Trade – related Aspects ofIntellectual Property Right) 作为世界贸易组织的重要文件，是迄今为止知识产权法律和制度方面影响最大的国际公约。其中第二十五条第一款明确规定："各成员应为新的或始创的独立创造的工业设计提供保护。"第二十六条第一款规定："受保护的工业设计的所有人应有权阻止第三方为商业目的未经其同意而生产、销售或进口其载有或含有的设计是一受保护设计的复制或实质上是复制的货物。"

《中华人民共和国著作权法》第三条第七款将"工程设计图、产品设计图、地图、示意图等图形作品和模型作品"列入法律保护范围，明确保护著作权人的人身权及发表权、署名权、复制权、发行权等财产权。

2.1.5　安全监管

现在，3D 打印技术已经被越来越广泛的应用于航空和太空领域，军事上 3D 打印武器也是发展方向之一。用 3D 打印技术攻破武器部件，尤其是高端武器部件性能的缺陷，是未来军事装备领域发生技术革新的关键[①]。

而 3D 打印在军事上的广泛应用也为行业发展前景蒙上一层阴影，最终在部分管制品制造上可能会出现失控的状态。随着 3D 打印技术的进步，任何人都可以通过互联网在家里下载枪支的设计图，然后借助 3D 打印技术制造出来。3D 打印引发的安全风险越来越大。由于 3D 打印机存在能打印出一系列尚不可控制的产品的可能性，因此国防大学的一份白皮书强调 3D 打印技术对国家安全方面的威胁性，有关国家安全风险的问题是非常值得探讨和分析的。如何保证 3D 打印技术不被犯罪分子和恐怖分子利用，如何建立一套行之有效的监管机制，对技术的成长极为重要。

美国是世界上少数允许私人持有枪支的国家。美国《宪法修正案》第二条规定：“管理良好的民兵是保障自由州的安全所必需，人民持有和携带武器的权利不得侵犯。”但美国也已经意识到 3D 打印枪支逃避监管的可能性，专门针对 3D 打印武器的立法已经迫在眉睫。2013 年 11 月，费城市议会公共安全委员会批准了一项法案，禁止在费城将 3D 打印技术用于制造枪支。

2.1.6　伦理

3D 打印技术本身蕴含着医学与伦理风险。

3D 打印在医药方面的应用发展得十分快速。3D 打印制造出能够治病的药物成为可能，但是个人制造出从可卡因到蓖麻毒素的药品也成为可能。

另外，随着生物打印变得越来越普遍，3D 打印器官已经出现。广州电子大学 2013 年 8 月宣布发明了生物材料 3D 打印机 Regenovo，可以打印功能健全、可持续工作四个月的肾脏。

今后不只是打印人体器官和细胞，打印一个完整的人，从理论上来说都是可以实现的。这样，类似于克隆人，生物打印在道德、种族和法律上就存

---

① 复旦大学美国研究中心教授沈丁立。

在着巨大的问题和风险。

2001年6月，英国做出立法禁止生殖性克隆人的决定，成为世界上第一个从法律上禁止生殖性克隆人的国家。美国、澳大利亚、日本等国家也相继出台了关于禁止生殖性克隆人的法律法规。

2002年2月26日，中国代表在联合国大会上支持尽早制定《禁止生殖性克隆人国际公约》。

2.2 世界各国3D打印政策简述

2.2.1 美国

2.2.1.1 战略层面

（1）"再工业化，再制造化"战略。2009年12月，奥巴马政府发布《振兴美国制造业框架》的政策纲要，提出从七个方面推进"再工业化"，也就是美国的"再工业化，再制造化"战略，或称"重振美国制造业"的发展战略。

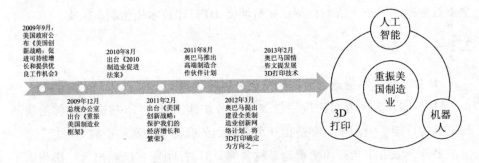

图2-1 美国振兴制造业框架

资料来源：2013年美国3D打印产业发展环境及态势分析。

美国政府将人工智能、3D打印、机器人作为重振美国制造业的三大支柱产业，3D打印是第一个得到政府扶持的产业。2013年2月，美国总统奥巴马在国情咨文中多次强调3D打印技术的重要性，称其将加速美国经济的增长。

（2）2011 年 6 月 24 日，美国总统奥巴马宣布了超过 5 亿美元的《先进制造业伙伴关系计划》。

（3）2012 年 2 月，美国国家科学与技术委员会发布《先进制造国家战略计划》。

（4）2012 年 3 月，奥巴马又宣布投资 10 亿美元实施《国家制造业创新网络计划》。

计划建设由 45 个制造创新中心和一个协调性全国性创新网络，专注研究 3D 打印等有潜在革命性影响的关键制造技术。国家制造业创新网络（NNMI）还设立了包括国家增材制造业创新学会（National Additive Manufacturing Innovation Institute，NAMII）等在内的 15 个学会。

表 2-1　制造业伙伴关系与制造业创新网络的比较

比较		先进制造业伙伴关系	制造业创新网络
相同点		①都是国家级制造业发展计划	
		②都是联邦各部门联合资助	
		③都是以加强官产学合作为手段，提升美国制造业竞争力水平为最终目的	
不同点	研究目标遴选	尖端技术	通用、支撑、使能技术
	主要任务	提高美国制造业关键领域竞争力	改造美国制造业，使其面目一新
	组织模式	以项目为纽带，形式较为松散	成立实体研究机构，关系紧密、刚性
	资助模式	项目资助	稳定资助
	实施方针	全面铺开	成熟一个，上马一个

（5）2012 年 4 月，增材制造技术中心被确定为首个制造业创新中心。

（6）2012 年 8 月，国家制造业创新网络成立美国国家增材制造创新学会。

美国国防部、能源部和商务部等 5 家政府部门，俄亥俄州、宾夕法尼亚州和西弗吉尼亚州的企业、学校和非营利性组织组成的联合团体，共同出资 7000 万美元，其目标是促使美国制造业成为具有统治地位的全球经济力量，其主要工作是编制技术路线图、牵头项目开发、技术转移、构建成员网络社区、培训和教育拓展。

2.2.1.2　产业/技术发展路线图层面

在路线图层面，美国曾分别于1998年和2009年两度发布增材制造技术路线图。

（1）2006年，美国国防部"下一代制造技术计划"重点支持3D打印技术研究与应用。

（2）美国在1998年制定了面向产业界的发展路线图。

（3）2009年，美国政府资助，由相关大学牵头制定了面向学术界的发展路线图。该路线图是由来自学界、企业界和政府的65名专家学者，为增材制造制定的面向未来10~12年的研究指导手册。其中一个关键建议是建立美国国家测试床中心（National Test Bed Center，NTBC），推动未来该领域的材料、设备和人力资源的发展。

2009年路线图的制定，期望能加速3D打印与市场结合，能识别增材制造研究会有成果的领域，形成跨领域的3D打印的领先专家网络，探讨未来10~15年增材制造研究的系统计划，并希望能给政府和其他研究基金机构提供3D打印参考的白皮书。[①]

表2-2　1998年和2009年路线图的不同

	1998年	2009年
强调点	工业	研究团体
关注点	RPTA II	关注研究活动
目标应用者	消费者	研究/基金机构
路线图制定参与者		
工业	73%	32%
大学	0%	45%
政府/非营利机构	27%	23%
功能	路线图	定义研究课题
前瞻性	多数准确	时间还早，难以判断

---

① ADDITIVE – MANUFACTURING – 2009 – Roadmap.

（4）2013 年制定新的发展路线图。NAMII 组织力量进行了技术发展路线图的制定，根据公开版的技术路线图，路线图分为两层，第一层是总的路线概括，第二层技术路线图分为 5 个部分，包括设计、材料、工艺设备、检测认证和增材制造基因组（AM Genome）。第二层每个环节中都有 4 ~ 7 个重点发展方向，将在 2014—2018 年进行有针对性的项目布局，分阶段突破。

2015 年 2 月 27 日，NAMII 发布了新版的增材制造应用研究与开发项目指南。对应路线图，指南重点关注 5 个影响最显著的技术领域，即增材制造设计、增材制造材料、增材制造工艺、增材制造价值链、增材制造基因组。

2.2.1.3　标准/认证工作层面

当前，世界上主要的标准化组织有 BIPM、ISO、SAE、ASTM、IEEE、ICE 等，都属于私人非营利组织。美国的标准化组织有 ANSI、IEA 和 NIST，其中只有 NIST 是官方性质的标准化组织。在 3D 打印标准化方面，ASTM 和 ISO 已经有相对较为成熟的体系。

截至目前，增材制造标准的发展过程可以划分为两个阶段。

（1）从 2002 年第一份增材制造标准颁布到 2009 年为起步阶段。2002 年，美国汽车工程师协会 SAE 发布了第一份增材制造技术标准——宇航材料规范 AMS 4999《Ti – 6Al – 4V 钛合金激光沉积产品》，标准 2011 年修订为 4999A 版，同期还颁布了 AMS 4998《Ti – 6Al – 4V 钛合金粉末》，该标准经几次修订，2013 年 3 月最新修订后已经修订到 4998E 版。

（2）从 2009 年开始，增材制造标准开始进入有组织的快速发展阶段。美国材料与试验协会 ASTM 和国际标准化组织 ISO 分别成立了增材制造技术委员会，它们对推进增材制造标准的制定发挥了重要作用。ASTM 2009 年专门为增材制造技术设立了 F – 42 委员会，其在国际标准组织 ISO 的对应机构为 TC261。2011 年 ISO 和 ASTM 签署协议，共同推进 3D 打印技术的国际标准工作。

F – 42 委员会设立了术语（F42.91 Terminology）、设计（F42.04 Design）、材料和工艺（F42.05 Materials and Processes）、试验方法（F42.01 Test Methods）、人员（F42.95 US TAG to ISO TC 261）等分委员会，包括了 10 个国家

的 150 个成员单位。

截至 2013 年 6 月，该委员会已经颁布了 5 项标准：《增材制造技术标准术语》、《增材制造文件格式标准规范》、《增材制造——坐标系与命名标准术语》和《铺粉熔覆增材制造 Ti – 6Al – 4V 标准规范》、《电子束熔化（EBM）Ti – 6Al – 4V ELI 钛合金》，其他正在制定中的标准还有 20 项。上述标准涵盖了基础标准、设计指南和产品标准，构成了较为完整的基础标准体系和开放的产品标准体系。

国际标准化组织 ISO 的增材制造技术委员会 TC 261 制定的标准 ISO 17296《增材制造——快速技术（快速原型制造）》，包括术语，方法、工艺和材料，试验方法，以及数据处理四个分标准。

目前，两大机构已经达成初步的标准工作框架，涵盖了术语、工艺/材料、测试方法和设计/数据格式四个方面，衍生出 6 个不同的涉及原材料、工艺、装备和终端产品的领域。

2.2.1.4　研究计划及执行层面

美国是全球 3D 打印技术最为重要的推动者，率先在国家层面上建立了战略规划，强力推动本土 3D 打印技术的统一协调发展。一方面，通过政府资金投入的牵引，突破现有技术瓶颈；另一方面，通过商业合作、媒体宣传、人才培养等多种方式，拓展 3D 打印技术在各领域的应用和商业推广，突破产业瓶颈。

美国自 2009 年之后开始重视 3D 打印技术。在 2009 路线图的基础上，北美焊接和材料结合工程技术领导组织——爱迪生焊接研究所（EdisonWeldingInstitute，EWI）成立了增材制造联盟（AMC），成员包括设备制造商、工业终端用户、材料供应商、政府机构、研究机构、标准化机构等六类 33 个企业成员与合作组织。

AMC 成立的主要目的是更好地衔接基础研究和产业化，填补新技术开发和企业产品应用之间的沟壑，即"制造就绪水平"（Manufacturing Readiness Levels，MRL），提高美国将发明成果转化为产品的能力。从技术发展成熟度来看，MRL 中 1 档至 2 档的基础性研究可以得到美国政府大量的科研经费支持，MRL 中 8 档至 10 档的产业化研究则是企业研发的重中之重，因此新的国家创新中心将这两者进行有机衔接，从而完善整个研究开发的链条。

2012 年 3 月，奥巴马总统批准投资 10 亿美元设立国家制造业创新网络（The National Network for Manufacturing Innovation，NNMI），NNMI 将由 15 所区域性制造业创新研究所构成，旨在通过官、产、学合作的方式，加强制造业创新和美国制造业的全球竞争力。其中，增材制造为列入优先考虑的范畴。

2012 年 8 月成立了国家增材制造创新学会，其中政府投资 3000 万美元，企业投资 4500 万美元，主要由联邦政府负责管理和组建，是一个产、学、研结合的机构。通过会议、培训、项目征集等方式推广 3D 打印技术，联盟成员有大学、研究机构、公共机构和私营公司等，该联盟获得了 8900 万美元的资金支持，其中 5000 万美元来自公共投资。截至目前，该联盟已成功培训了 7000 名 3D 打印领域的专业技术人员，并生产了具备自主专利的增材制造产品。2013 年 10 月，NAMII 更名为美国制造（America Makes）。

首个获得 NAMII 资格的是俄亥俄州的扬斯敦商业孵化器（The Youngstown Business Incubator），美国商务部遴选国家国防和机械中心（National Center for Defense Manufacturing and Machining，NCDMM）负责管理扬斯敦商业孵化器。扬斯敦商业孵化器的合作成员包括位于俄亥俄州、宾夕法尼亚州和西弗吉尼亚州"技术带"（Tech Belt）的 14 所大学和学院、40 家企业和 11 家非营利组织。其中的企业成员既有美国 3D 打印产业的领军企业 Stratasys 公司和 3D Systems 公司，还有波音、霍尼韦尔、洛克希德·马丁、通用电气这样的大型企业。国防部、能源部、商务部、国家科学基金会、国家航空和航天局五家联邦机构一共为扬斯敦商业孵化器投入了 3000 万美元，俄亥俄州、宾夕法尼亚州和西弗吉尼亚州政府以及工业界投入了 4000 万美元。扬斯敦商业孵化器的辐射范围是俄亥俄州、宾夕法尼亚州和西弗吉尼亚州"技术带"。"技术带"共有 32000 家制造业企业，是全美仅次于德克萨斯州和加州的第三大制造业中心。

2.2.2 欧洲

2.2.2.1 战略层面

1. 七个框架计划

欧盟 1984—1987 年"第一个框架计划（FP）"期间就为 3D 打印项目提供资金。现在，已经发展到"第七个框架计划（FP7）"。

表 2-3 欧盟各框架计划的重点

FP1	项目的征集、运作和管理还处于起步阶段，以能源研究为主，主旨是开展工业技术创新研究
FP2	从以能源研究为主变为以农业和工业创新为主，首次加入了有关经济和社会协调发展的内容，类似于我国目前强调的可持续发展
FP3	把生命科学列为重点领域，提出"以科学技术促进发展"的概念，首次把"人力资源开发"作为专项计划强调科研成果推广应用
FP4	欧盟诞生后的首个框架计划，经费大幅攀升信息通讯技术、新能源、交通和生命科学作为重点首次把"国际合作"列为专项计划，使欧盟科技框架计划跨出欧洲
FP5	国际合作得到了世界各国科学家的广泛认可和支持，研究目标和领域更加集中缺乏整体战略考虑、项目数量多而规模小、重点不突出、项目评审程序复杂等问题
FP6	更加强调项目的规模效应，从独立项目向综合项目发展，倾向长期性、结构性投入改进了项目的申报、评审和管理程序，制定了明确的战略目标，即建立"欧洲研究区"，努力实现欧洲的科技一体化
FP7	是欧盟首要的全局性和战略性科技计划，具有期限长（2007—2013 年），投资大（505.21 亿欧元），更注重基础科学研究和产学合作、国际合作以及发展各国科技机构间长期伙伴关系等特点

资料来源：FP7。

2. 欧盟 2004 年搭建 3D 打印创新中心

即欧洲 3D 打印技术平台（the European Additive Manufacturing Technology Platform，AM Platform），平台联盟成员超过 350 名，横跨欧盟 26 个国家，其中 72% 的成员来自工业界。AM Platform 于 2012—2014 年发布了多版《3D 打印战略研究议程》报告。

2012 年，欧洲航天局（ESA）开展研究开发国际空间站所需可替换部件的"针对太空应用的通用零部件加工—复制工厂"，资助"月球表面栖息地原位 3D 打印"项目。

3. "地平线 2020"计划

这是欧盟有史以来规模最大的研发创新计划,拟在 7 年时间(2014—2020 年)内投资近 800 亿欧元(约合人民币 6500 亿元),它取代了 2007—2013 年期间预算约 550 亿欧元的 FP7,它将把实验室里孵化的伟大创意投入市场,创造更多突破、发现和世界第一。

"地平线 2020"的宗旨是孵化能够改善人们生活的科技成果。在三大支柱领域——卓越的科学研究、产业领导力和社会挑战——的指导下,为从前沿科学到示范项目到即将入市的创新等各种科研活动提供资金支持。

4. 再工业化战略

欧盟再工业化战略设定的总体目标是到 2020 年将工业占 GDP 比重提升到 20%,推动一批新兴产业的诞生与发展,加强对已有产业高附加值环节的再造,核心在于抓住"新工业革命"机遇重构工业与制造业产业链。

欧盟再工业化战略明确提出六大优先发展领域:①旨在清洁生产的先进制造技术;②关键节能技术;③生态型产品;④可持续的建筑材料;⑤清洁运输工具;⑥智能电网。开发与应用可实现清洁生产的先进制造技术是欧盟新工业革命的核心内容,其中就包括以 3D 打印为代表的新制造技术与工艺。

2.2.2.2　产业/技术发展路线图层面

2013 年 1 月,欧洲开展增材制造技术研究计划。该计划由欧洲航天局(ESA)牵头,英国、德国、法国、意大利等国的产业界、学术界和政府间组织都参与,是目前欧洲在增材制造领域最大的研究合作计划,其目的是利用增材制造原理,快速加工无缺陷零废料(zero - waste)的大尺寸金属零件。

AM Platform 先后制定了欧盟 3D 打印的技术路线图、产业路线图和标准路线图。

对于 3D 打印技术和产业的发展而言,工业界的参与是至关重要的。因此,AM Platform 制作了欧洲 AM 策略研究日志(SRA),该日志路线图不仅描绘了 3D 打印技术的发展路线,也描绘了 3D 打印技术能给欧洲带来的巨大机会。

2.2.2.3　标准/认证工作层面

2015 年 1 月,CEN 制定了一项与 3D 打印相关的 CEN/TC 438 标准。

AM Platform 起草了战略研究议程，其中强调了标准化的重要支柱作用，并且最终在欧盟第七框架计划的资助下，一个名为"3D 打印标准化支持行动"（SASAM）的项目于 2015 年 6 月发布了一份 3D 打印标准化路线图，对整个产业做了一个整体规划，以对接德国"工业 4.0"政策。

该路线图是基于 3D 打印领域目前的发展状况而制定的，它包含了这一产业和其他主要利益相关者的需求和展望，并且大体上反映出了这项技术在制造业与社会中的发展趋势。该路线图重点关注工艺稳定性和产品质量、材料、生产和其他、目标等四个方面。

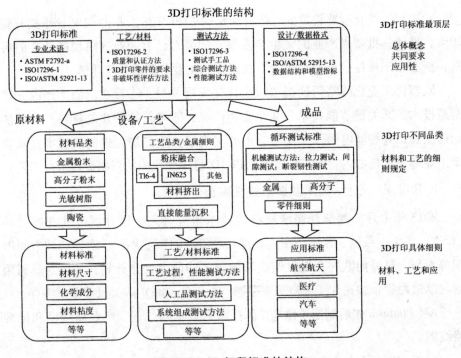

图 2-2　3D 打印标准的结构

资料来源：欧洲 3D 打印标准化路线图，南极熊。

欧美 3D 打印目前以 SASAM 项目为起点，ISO/TC261，ASTM/F42 和 CEN/TC438 之间建立了合作，并达成了关于 3D 标准打印结构的共识，定义了多个级别和 3D 打印标准的等级划分：

（1）一般标准：指一般概念和普通需求。

（2）分类标准：指具体到工艺或材料类的需求。

（3）特殊标准：指特殊的材料、工艺或应用方面的需求。

等级之间属于一种亲子关系。

以上的这些工作 2013 年夏天就已经开始，目前还在继续，工作的执行者是来自 3 个委员会（ISO – ASTM – CEN）的成员组成的团体。

2.2.2.4　研究计划和执行层面

欧盟 1984—1987 年"第一个框架计划"期间就为 3D 打印项目提供资金。随后的框架计划，1988—2013 年，为 3D 打印提供了持续的支持；1991—2013 年，设立了 88 个 3D 打印相关项目。

"地平线 2020 计划"选择了 10 个增材制造项目，总投资 2300 万欧元。这些项目重点关注 3D 打印技术 TRL4 – 7 阶段的发展，将针对不同领域的专业化需求进行布局，从而推动 3D 打印整体、快速的发展。这些领域关系到促进欧洲工业现代化转型的关键技术（Key Enable Technologies），这些技术还能促进商品和服务的发展。

2.2.2.5　主要国家政策

1. 德国

2010 年德国联邦政府制定了《高技术战略 2020》"工业 4.0"战略是《高技术战略 2020》10 个子项目之一，其核心是通过"信息物理网络"（CyberPhysical Systems，CPS）实现人、设备与产品的实时连通、相互识别和有效交流；通过"智能工厂"和"智能生产"实现人机互动，构建一个高度灵活的个性化和数字化的智能制造模式。

3D 打印技术是"工业 4.0"中实现"智能生产"和"智能工厂"的重要路径。2013 年，德国政府为 3D 打印在未来 10 年在科研、教育、产业、环保、知识产权等领域的工作目标做出了宏观布局。

德国很早就成立 3D 打印联盟。Fraunhofer 增材制造联盟是德国较为著名的 3D 打印联盟之一，由 10 个著名研究所组成。

根据德国政府 2013 年公布的数据，除去公共资金对高校和科研院所每年数十亿欧元常规性投入以外，德国对 3D 打印的科研定向投入已超过 2000 万欧元。

技术攻关层面，3D 打印及其相关领域内的技术攻关主要由"弗朗霍夫应用技术促进学会"和"德国亥姆霍兹国家研究中心联合会"承担。

（1）弗朗霍夫应用技术促进学会是德国快速成型制造领域的科研航母，旗下有 11 家科研院所。

（2）亥姆霍兹学会，下属德国航空太空中心、于利希研究中心、卡尔斯鲁尔应用技术研究所，主要对快速成型制造在航空、航天等领域内的实践应用进行探索。

（3）另外，巴伐利亚激光技术研究所、汉诺威激光技术研究所、LZN 汉堡激光技术研究所、帕德博恩增材制造研究中心、耶拿烧结与材料技术研究所，也在快速成型制造业方面有一定优势。

人才与职业教育层面，亚琛工业大学等几所大学为 3D 打印技术设置了相关的科研岗位，而 3D 打印所依托的激光烧结技术、熔融技术、计算机软件绘制等技术已经被现有的职业教育所覆盖。

目前，德国政府认为有必要加强对 3D 打印各个环节可能损害消费者权利的行为，规范相关主体在提供计算机辅助设计（Computer Aided Design，CAD）、实施 3D 打印以及销售产品环节的行为。根据德国《武器管理法》，以经营为目的制造武器和不以经营为目的制造武器，都需要得到相关部门的许可（第 26 条）。否则，将处监禁或罚金。

知识产权方面，德国认为引发知识产权各部门进行修改法律的诱因还没有发生。

2. 英国

英国很早就推出了促进 3D 打印和增材制造发展的政策。

2007 年，在英国技术战略委员会的推动下，英国政府计划在 2007—2016 年投入 9500 万英镑的公共和私人基金用于 3D 打印合作研发项目。

2011 年 3 月，由英国工程和自然科学研究委员会（EPSRC）牵头，在诺丁汉大学成立了增材制造技术创新中心，参与机构包括拉夫堡大学、伯明翰大学、英国国家物理实验室、波音公司以及德国 EOS 公司等 15 家知名大学、研究机构及企业。主要研究方向为由增材制造技术一次加工融合电子、光学和结构特性的多材料（multimaterial）、多功能器件。

2013 年，英国政府在初中和高中教学课程中加入了 3D 打印的内容。

2014 年 1 月，英国政府宣布将投资 1530 万英镑创建一个国家级 3D 打印中心，并将制订这个英国首个国家级 3D 打印/增材制造中心的发展计划。该中心于 2015 年正式运营，重点支持航空航天领域，同时也将支持汽车和医疗等行业。

2015 年，为重振英国制造业，提升国际竞争力，英国提出"英国制造 2050"战略，着力推进"服务 + 再制造"（以生产为中心的价值链）；致力于更快速、更敏锐地响应消费者需求，把握新的市场机遇，可持续发展，加大力度培养高素质劳动力。

2.2.3　亚太地区

2.2.3.1　日本

2014 年，为重振国内制造业，复苏日本经济，日本发布了有关制造业的白皮书，重点发展机器人、下一代清洁能源汽车、再生医疗以及 3D 打印技术。

日本成立 3D 打印机研究会。2013 年 8 月 23 日，日本近畿地区 2 府 4 县与福井县的商工会议所成立了探讨运用 3D 打印机的研究会。

日本政府对 3D 打印产业在财政上予以大力支持。日本政府在 2014 年投入 40 亿日元，由经济产业省组织实施"以 3D 打印为核心的制造革命计划"。该计划分为两个主题，两个主题的预算规模上限分别为 32 亿日元和 5.5 亿日元。其中，"新一代企业级 3D 打印机技术开发"主题以金属材料 3D 打印机为对象，"超精密 3D 成型系统技术开发"主题以砂模材料 3D 打印机为对象。

2.2.3.2　韩国

2014 年 4 月份，韩国政府投资 24 亿韩元建立 3D 打印中心，为中小企业提供 3D 打印设施，进行员工培训。

2014 年 6 月，韩国政府宣布成立 3D 打印工业发展委员会，该委员会由韩国十几部委的官员组成。

2014 年 11 月，韩国发布了一个长达 10 年的 3D 打印战略规划，以推动和发展 3D 打印技术，使之成为新兴增长的市场，并帮助制造业部门实现转型。根据该路线图，政府未来 10 年的重点工作将聚焦于十大领域，包括医疗、模具、文化、国防、电力电子、汽车、航空、造船和能源，以及两个服务领域的设计和销售。在技术发展方面，该规划包括装备、材料、软件等方面的 15 项重点战略技术。该路线图将成为韩国政府布局 3D 打印项目的依据和指导。

该计划将促进 3D 行业的发展，到 2020 年，韩国 3D 打印领域全球市场的份额可以由 2.3% 提升到 15%。

韩国科学、信息通信技术和未来规划部（MSIP）还计划到 2017 年为 5885 所学校和 227 所图书馆提供 3D 打印机。

该规划的目标包括到 2020 年培养 1000 万创客（Maker），并在全国范围内建立 3D 打印基础设施。为了实现这一艰巨的目标，韩国 3D 打印工业发展委员会将针对各个层次的民众制定相应的 3D 打印培训课程，他们将在全国范围内提供 3D 打印教育资源，包括课程开发，以及为贫困人口提供相应的数字化基础设施。这一雄心勃勃的计划还提出要创造一个接触 3D 打印技术就像去一个咖啡馆那么方便的社会环境，使 3D 打印真正融入民众的生活。该计划准备到 2017 年在韩国国内 50% 的学校放置 3D 打印机。

除了专注于教育，该计划还强调 3D 打印技术在企业家和商界人士中的发展潜力，因此，政府正在协调软件供应商、地方机构和民营企业建立工作中心，以向 150 万商务人士介绍 3D 打印技术。

该计划称政府部门也会采取相应措施支持韩国 3D 打印产业发展，韩国政府将承担部分费用建立一个国家 3D 打印综合门户网站，以提供各种信息支持服务。它还将为 3D 打印数据创建一个通用的内容标识（UCI）系统，其作用有点像图书馆里识别和区分出版物的索引编码，希望促使信息在用户间自由移动，同时适当保护知识产权。

2.2.3.3 中国台湾地区

2014 年 4 月 9 日，台湾科学技术部（MOST）宣布 3D 打印的发展计划，2014 年 5 月份启动。该计划表示未来 4 年台湾将投入 10 亿新台币（约 2 亿人民币）支持 13 个研究计划，重点是以应用为向导，着重布局 3D 打印设备、软件和材料的开发，并推动数据库的建立。

计划将推动在学术和工业领域的人才培养，在 2018 年前，培养百万名 3D 打印应用与文创人才，包括 3D 打印技术的设计师与绘图人才。

计划也鼓励学术和工业界进行合作，建立战略联盟，共同开发 3D 打印技术，以弥合我国台湾地区在 3D 打印行业上与国际水平的差距，建成从关键部件、材料到软件技术完全自主的 3D 打印产业集群，掌握全球 3D 打印 30% 的产能，建立世界级的创意设计与中华文化的巨量信息图库。

2014 年，台湾当局支持的一个 3D 打印技术孵化器已经建立了一个由 90 家本地公司组成的联盟。

2.2.3.4　澳大利亚

澳大利亚政府于 2012 年宣布支持一项航空航天领域革命性的项目——"微型发动机增材制造"。

2010 年 9 月 Wohlers Associates 受联邦科学与工业研究组织（Commonwealth Scientific and Industrial Research Organisation，CSIRO）委托，制定澳大利亚增材制造技术路线图。该路线图集中于金属 3D 打印，特别是钛金属 3D 打印。路线图预测了中期（到 2015 年）和长期（2015—2025 年）的技术应用和发展机会，并提出建议，与其将钛金属原材料出口到中国，还不如生产、加工、出口，为澳大利亚提供更多价值。

2014 年，澳大利亚推出增材制造中心（Additive Manufacturing Hub），增强行业合作。

2014 年 11 月 19 日，由具澳大利亚政府背景的澳大利亚研究理事会（ARC）与工业企业共同投资 900 万澳元成立的，专注于 3D 打印技术研发及应用的研究中心成立。

2015 年 5 月 22 日，澳大利亚国家科学机构——联邦科学与工业研究组织（CSIRO）宣布，投资 600 万美元建成 3D 打印中心——Lab22，加速工业级金属 3D 打印机在该国的应用。

2.3 中国3D打印政策

2.3.1 国家政策

2.3.1.1 战略层面

1. 国家高技术研究发展计划（863计划）、国家科技支撑计划

2013年5月，科技部公布《国家高技术研究发展计划（863计划）、国家科技支撑计划制造领域2014年度备选项目征集指南》（下文简称《指南》），3D打印产业首次入选，并指出其聚焦航空航天、模具制造领域。

《指南》中提到，3D打印要聚焦航空航天、模具领域的需求，突破3D打印制造技术中的核心关键技术，研制重点装备产品，并在相关领域开展验证，初步具备开展全面推广应用的技术、装备和产业化条件。设定4个研究方向：

（1）面向航空航天大型零件激光熔化成型装备研制及应用（国拨经费控制额不超过1000万元，前沿技术研究类）。针对航空航天产品研制（试制）过程中单件、小批量的需求，研制适合钛合金等难加工零件直接成型的大型零件激光熔化成型装备，台面2米×2米，制件精度控制在±1%以内，堆积效率达300立方厘米/小时以上。制定相关工业技术标准，并在航空航天产品研制零部件制造中应用。

（2）面向复杂零部件模具制造的大型激光烧结成型装备研制及应用（国拨经费控制额不超过1000万元，前沿技术研究类）。针对复杂零部件模具快速制造的需求，研制适合制造蜡模、蜡型、砂型制造，以及尼龙等塑料零件制造的大型激光烧结成型装备，台面2米×2米，制件精度控制在±0.1%以内，堆积效率达1000立方厘米/小时以上。制定相关技术标准，并在汽车、模具等行业产品研制中应用。

（3）面向材料结构一体化复杂零部件高温高压扩散连接设备研制与应用（国拨经费控制额不超过1000万元，前沿技术类）。针对结构复杂、性能要求高、连接难度大等复杂零部件加工的需求，研制材料结构一体化复杂零件高

温、高压扩散连接设备和工艺，工作加热区域尺寸 1000 毫米 × 1000 毫米以上，并在航空航天产品的研制中开展应用。

（4）基于 3D 打印制造技术的家电行业个性化定制关键技术研究及应用示范（国拨经费控制额不超过 1000 万元、企业牵头申报，应用开发与集成示范类）。针对家电行业个性化定制的迫切需求，结合以 3D 打印制造技术为核心的数字制造技术带来的制造变革，研究 3D 打印个性化零件设计、个性化定制模式、定制业务协同引擎、交互门户、运行平台等技术，开发个性化定制管理平台，并基于 3D 打印制造装备，为终端用户提供个性化定制服务，在应用示范期内销售收入不少于 3000 万元。

2. 国家增材制造产业发展推进计划（2015—2016 年）

2015 年 2 月，工信部正式发布《国家增材制造产业发展推进计划（2015—2016 年）》，提出到 2016 年，初步建立较为完善的增材制造产业体系，整体技术水平保持与国际同步，在航空航天等直接制造领域达到国际先进水平，在国际市场上占有较大的市场份额。

（1）产业化取得重大进展。增材制造产业销售收入实现快速增长，年均增长速度 30% 以上。进一步夯实技术基础，形成 2 ~ 3 家具有较强国际竞争力的增材制造企业。

（2）技术水平明显提高。部分增材制造工艺装备达到国际先进水平，初步掌握增材制造专用材料、工艺软件及关键零部件等重要环节关键核心技术，研发一批自主装备、核心器件及成形材料。

（3）行业应用显著深化。增材制造成为航空航天等高端装备制造及修复领域的重要技术手段，初步成为产品研发设计、创新创意及个性化产品的实现手段以及新药研发、临床诊断与治疗的工具，在全国形成一批应用示范中心或基地。

（4）研究建立支撑体系。成立增材制造行业协会，加强对增材制造技术未来发展中可能出现的一些如安全、伦理等方面问题的研究，建立 5 ~ 6 家增材制造技术创新中心，完善扶持政策，形成较为完善的产业标准体系。

具体的推进计划涵盖五个方面：

第一，着力突破增材制造专用材料。依托高校、科研机构开展增材制造专用材料特性研究与设计，鼓励优势材料生产企业从事增材制造专用材料研发和生产，针对航空航天、汽车、文化创意、生物医疗等领域的重大需求，突破一批增材制造专用材料。针对金属增材制造专用材料，优化粉末大小、形状和化学性质等材料特性，开发满足增材制造发展需要的金属材料。针对非金属增材制造专用材料，提高现有材料在耐高温、高强度等方面的性能，降低材料成本。到2016年，基本实现钛合金，高强钢，部分耐高温、高强度工程塑料等专用材料的自主生产，满足产业发展和应用的需求。

表2-4 着力突破增材制造专用材料

专栏1 着力突破增材制造专用材料		
类别	材料名称	应用领域
金属增材制造专用材料	细粒径球形钛合金粉末（粒度20微米～30微米）、高强钢、高温合金等；航空航天等领域高性能、难加工零部件与模具的直接制造	
非金属增材制造专用材料	光敏树脂、高性能陶瓷、碳纤维增强尼龙复合材料（200℃以上）、彩色柔性塑料以及PC-ABS材料等耐高温高强度工程塑料	航空航天、汽车发动机等铸造用模具开发及功能零部件制造；工业产品原型制造及创新创意产品生产
医用增材制造专用材料	胶原、壳聚糖等天然医用材料；聚乳酸、聚乙醇酸、聚醚醚酮等人工合成高分子材料；羟基磷灰石等生物活性陶瓷材料；钴镍合金等医用金属材料。仿生组织修复、个性化组织、功能性组织及器官等精细医疗制造	

资料来源：国家增材制造产业发展推进计划（2015—2016年）。

第二，加快提升增材制造工艺技术水平。积极搭建增材制造工艺技术研发平台，建立以企业为主体，产学研用相结合的协同创新机制，加快提升一批有重大应用需求、广泛应用前景的增材制造工艺技术水平，开发相应的数字模型、专用工艺软件及控制软件，支持企业研发增材制造所需的建模、设计、仿真等软件工具，在三维图像扫描、计算机辅助设计等领域实现突破。解决金属构件成形中高效、热应力控制及变形开裂预防、组织性能调控，以及非金属材料成形技术中温度场控制、变形控制、材料组分控制等工艺难题。

表 2 - 5　加快提升增材制造工艺技术水平

专栏 2　加快提升增材制造工艺技术水平

类别	工艺技术名称	应用领域
金属材料增材制造工艺技术	激光选区熔化（SLM）	复杂小型金属精密零件、金属牙冠、医用植入物等
	激光近净成形（LENS）	飞机大型复杂金属构件等
	电子束选区熔化（EBSM）	航空航天复杂金属构件、医用植入物等
	电子束熔丝沉积（EBDM）	航空航天大型金属构件等
非金属材料增材制造工艺技术	光固化成形（SLA）	工业产品设计开发、创新创意产品生产、精密铸造用蜡模等
	熔融沉积成形（FDM）	工业产品设计开发、创新创意产品生产等
	激光选区烧结（SLS）	航空航天领域用工程塑料零部件、汽车家电等领域铸造用砂芯、医用手术导板与骨科植入物等
	三维立体打印（3DP）	工业产品设计开发、铸造用砂芯、医疗植入物、医疗模型、创新创意产品、建筑等
	材料喷射成形	工业产品设计开发、医疗植入物、创新创意产品生产、铸造用蜡模等

资料来源：《国家增材制造产业发展推进计划（2015—2016 年）》。

第三，加速发展增材制造装备及核心器件。依托优势企业，加强增材制造专用材料、工艺技术与装备的结合，研制推广使用一批具有自主知识产权的增材制造装备，不断提高金属材料增材制造装备的效率、精度、可靠性，以及非金属材料增材制造装备的高工况温度和工艺稳定性，提升个人桌面机的易用性、可靠性。重点研制与增材制造装备配套的嵌入式软件系统及核心器件，提升装备软、硬件协同能力。

表 2 - 6　加快发展增材制造装备及核心器件

类别	名称
金属材料增材制造装备	激光/电子束高效选区熔化、大型整体构件激光及电子束送粉/送丝熔化、沉积等增材制造装备
非金属材料增材制造装备	光固化成形、熔融沉积成形、激光选区烧结成形、无模铸型以及材料喷射成形等增材制造装备
医用材料增材制造装备	仿生组织修复支架增材制造装备、医疗个性化增材制造装备、细胞活性材料增材制造装备等

类别	名称
增材制造装备核心器件	高光束质量激光器及光束整形系统、高品质电子枪及高速扫描系统、大功率激光扫描振镜、动态聚焦镜等精密光学器件、阵列式高精度喷嘴/喷头等

资料来源：国家增材制造产业发展推进计划（2015—2016年）。

第四，建立和完善产业标准体系。

一是研究制定增材制造工艺、装备、材料、数据接口、产品质量控制与性能评价等行业及国家标准。结合用户需求，制定基于增材制造的产品设计标准和规范，促进增材制造技术的推广应用。鼓励企业及科研院所主持或参与国际标准的制定工作，提升行业话语权。

二是开展质量技术评价和第三方检测认证。针对目前用户对增材制造产品在性能、质量、尺寸精度、可靠性等方面的疑虑，就航空航天、汽车、家电、生物医疗等对国家和人民生活安全有重大影响的行业使用增材制造技术直接制造产品，开展质量技术评价和第三方检测认证，确保产品的各项指标满足用户需求，促进增材制造技术的推广应用。

第五，大力推进应用示范。

一是组织实施应用示范工程。依托国家重大工程建设，通过搭建产需对接平台，着重解决金属材料增材制造在航空航天领域应用问题，在具备条件的情况下，在国防军工其他领域予以扩展。在技术相对成熟的产品设计开发领域，发展增材制造服务中心和展示中心，通过为用户提供快速原型和模具开发等方式，促进增材制造的推广应用。对于创意设计、个性化定制等领域，通过搭建共性服务平台，支持从事产品设计开发、文化创意等领域的中小型服务企业采用网络化服务模式，提高专业化服务水平。完善个性化增材制造医疗器械在产品分类、临床验证、产品注册、市场准入等方面的政策法规。

二是支持建设公共服务平台。在具备优势条件的区域搭建公共服务平台，发展增材制造创新设计应用中心，为用户提供创新设计、产品优化、快速原型、模具开发等应用服务，促进增材制造技术的推广应用。加大对增材制造专用材料、装备及核心器件研发基地建设的支持力度，加快形成产业集聚发展，尽快形成产业规模。

三是组织实施学校增材制造技术普及工程。在学校配置增材制造设备及教学软件，开设增材制造知识的教育培训课程，培养学生创新设计的兴趣、爱好、意识，在具备条件的企业设立增材制造实习基地，鼓励开展教学实践。

3.《中国制造 2025》

《中国制造 2025》是中国版的"工业 4.0"规划，于 2015 年 5 月 8 日公布。规划提出了中国制造强国建设三个十年的"三步走"战略，是第一个十年的行动纲领。《中国制造 2025》将智能制造作为主攻方向①，提出：研究制定智能制造发展战略。编制智能制造发展规划，明确发展目标、重点任务和重大布局。加快制定智能制造技术标准，建立完善智能制造和两化融合管理标准体系。强化应用牵引，建立智能制造产业联盟，协同推动智能装备和产品研发，系统集成创新与产业化。促进工业互联网、云计算、大数据在企业研发设计、生产制造、经营管理、销售服务等全流程和全产业链的综合集成应用。加强智能制造工业控制系统网络安全保障能力建设，健全综合保障体系。

《中国制造 2025》要实施五大工程：智能制造工程、制造业创新建设工程、工业强基工程、绿色制造工程、高端装备创新工程。其中，最核心的是实施智能制造工程。②

未来 3D 打印将成为《中国制造 2025》发展的一个支柱产业，3D 打印技术只有跟传统制造业结合起来，才能推动制造业的转型和发展。3D 打印不是要取代传统制造业，而是进一步推动制造业升级转型，为传统制造业增加更多个性化及智能化元素。③

2.3.1.2　产业/技术发展路线图层面

《国家增材制造产业发展推进计划（2015—2016 年）》提出，国家工业管理、发展改革、财政等部门应加强统筹协调，强化顶层设计，研究制定增材制造发展路线图。建立增材制造专家咨询委员会，对产业发展的重大问题和

---

① 工信部部长苗圩。
② 中国工程院周济。
③ 清华大学教授颜永年。

政策措施开展调查研究，进行论证评估，提出咨询建议。组建产学研用共同参与的行业组织，跟踪国内外产业发展情况及趋势，发布增材制造年度报告，制定年度研发及推广应用目录，加快科研成果产业化。

2.3.1.3 标准/认证工作层面

《国家增材制造产业发展推进计划（2015—2016年）》提出要建立和完善产业标准体系：

（1）研究制定增材制造工艺、装备、材料、数据接口、产品质量控制与性能评价等行业及国家标准。结合用户需求，制定基于增材制造的产品设计标准和规范，促进增材制造技术的推广应用。鼓励企业及科研院所主持或参与国际标准的制定工作，提升行业话语权。

（2）开展质量技术评价和第三方检测认证。针对目前用户对增材制造产品在性能、质量、尺寸精度、可靠性等方面的疑虑，就航空航天、汽车、家电、生物医疗等对国家和人民生活安全有重大影响的行业使用增材制造技术直接制造产品，开展质量技术评价和第三方检测认证，确保产品的各项指标满足用户需求，促进增材制造技术的推广应用。

2.3.1.4 研究计划和执行层面

2012年10月，中国3D打印技术产业联盟成立。为促进3D打印技术产业化，将首批选择10个工业城市集中建设3D打印技术产业创新中心。计划投资2000万元，地方政府按照1∶1配套扶持。2013年，中国3D打印技术产业创新中心（南京、潍坊、珠海）相继成立。

2013年，3D打印入选国家"863计划"，国家提供4000万元作为研究基金，支持3D打印核心技术的发展。

2.3.2 各地方政策

2.3.2.1 北京

北京市科学技术委员会2014年1月6日发布《促进北京市增材制造（3D打印）科技创新与产业培育的工作意见》提出，要重点突破一批原创性技术，研发一批专用材料，研制一批高端装备，到2017年，申请及授权专利100项以上，制定技术标准 100 项以上，取得 3D 打印产品医疗注册证 5 项以上，拓展在 10 个以上行业的创新应用，培育 2 ~ 3 家龙头企业、10 家以上骨干企业，推进北京市 3D 打印技术全面跻身国际先进水平。构建 3 ~ 4 个以企业为主体，产、学、研用协同创新的 3D 打印技术创新研究院或应用服务平台，推动北京市成为引领全球的 3D 打印的技术高地和人才聚集地。以龙头企业为核心，建设 3D 打印产业园，集群式推动 3D 打印产业发展，努力建成世界知名的 3D 打印产业基地，增强北京市高端制造业的核心竞争力，培育未来经济增长点。

2014 年 6 月，北京市政府最新一期政府公报对外发布《北京市文化创意产业提升规划（2014—2020 年）》（以下简称《规划》）称，加快高新技术成果向文化领域的转化应用，重点培育动漫游戏、移动互联网应用、视听新媒体、3D 打印和绿色印刷等新兴文化业态。《规划》提出：

（1）加快推进产业化进程。加大对 3D 打印技术研发和产业化的扶持力度，以个性消费和定制服务为主，着力突破低成本材料与制造、智能人机交互、创意设计服务平台等关键技术，降低大众消费门槛和专业设计成本，推动高端设计产业跻身国际先进水平。加强国际间技术交流与合作，完善相关领域技术规范与标准建设，加快 3D 打印技术走向成熟化。设立 3D 打印产业化专项扶持资金，重点推进数字化、控制软件、打印设备、成型材料等关键技术的研发。加大对 3D 打印产学研合作的支持力度，对产业化发展前景良好的企业在行业应用解决方案推广等方面给予重点扶持。

（2）推进行业深度合作发展。推进产学研用一体化发展，建立以企业为主体、市场为导向、产学研深度合作的技术创新体系。积极引导高等院校、科研院所、工业设计企业、软件开发企业、材料研发机构、3D 打印服务应用提供商等各类组织机构，建立、完善 3D 打印产业技术创新联盟和应用推广联盟，共同推动 3D 打印技术的研发和行业标准制定。

（3）引导社会化普及推广应用。开展 3D 打印技术的应用研讨、解决方案展示、普及宣传和市场推广活动，举办各类 3D 创意大赛，不断推进 3D 打印应用的示范力度。促进 3D 打印研发制造企业和文化创意企业的交流与合作，鼓励行业知名企业率先应用 3D 打印技术，在重点领域推广行业应用解决方案。支持企业、社会资本参与 3D 打印在线服务平台与交流平台的建设，加快

3D打印社会化普及应用。

2.3.2.2 陕西

陕西省科技厅牵头成立陕西省3D打印产业技术创新联盟,将32家产学研单位紧密团结起来,统筹人才、技术等资源,实现强强联合,共同发展,为陕西省进一步做大做强3D打印产业奠定了良好基础。

针对联盟加盟企业现有资产规模小、产业聚集度弱、产业化能力普遍较低、新兴市场需要进一步培育等情况,陕西省科技厅通过专项资金支持、设立风险投资子基金、建立科技贷款风险补偿机制、引入专业中介服务等措施,吸引社会资本和金融机构为3D打印产业提供专业化服务,为企业成长和产业发展搭建起良好平台。

(1)重大专项引导,支持地方搭建产业发展平台。陕西省科技厅制定全省3D打印产业发展规划,通过市场机制,引导产业健康发展。一是设立"推进3D打印重大中试和产业化科技专项",安排经费5000多万,支持企业、院所和高校开展科研攻关。二是支持西安、渭南高新区建设3D产业园区。西安高新区在新材料产业园规划建设3D打印产业园,渭南高新区的3D打印产业培育基地包含3D打印产业孵化园和3D打印产业成长区。

(2)引导基金支持,培育中小企业对接资本市场。陕西省科技成果转化引导基金联合关天西咸、西安高新区、西安光机所及社会投资人,发起设立西科天使基金,共募集资金1亿元,重点投资高端激光加工技术装备,即3D打印设备的研究和产业化。基金已完成9个项目投资,投资额1500万元。

(3)集中贷款授信,解决企业融资难题。陕西省科技厅与陕西银监局共同为3D打印联盟企业解决授信事项,银行授信金额合计达20亿元人民币。

(4)对接中介机构,为企业提供全方面服务。

2.3.2.3 渭南(陕西)

渭南市积极实施3D打印"6+1"发展战略,即功能完备的产业化承载体系、多层次的创新人才支撑体系、有吸引力的政策和人文关怀体系、一流的协同创新研究体系、多样化的投融资支持体系、中省市区四级全方位协同共建体系,全力打造国内一流的3D打印工业培养基地。

（1）功能完备的产业化承载体系。规划了起步区 400 亩、成长区 1000 亩的 3D 打印产业培育基地，建成标准厂房、综合办公楼、生活服务及配套公寓，具备专家教授及创业人才"拎包入驻"的研发生产条件。成立火炬科技公司，负责孵化器投资管理，委托中航工业 631 研究所负责孵化平台运营服务。

（2）多层次的创新人才支撑体系。与 3D 打印及材料专家建立了合作关系。奠定了 3D 打印产业培育基地的技术支撑和发展基础。

（3）有吸引力的政策和人文关怀体系。成立 3D 打印产业基地办公室统筹推进基地建设和发展。推行"一门受理、全程代办、限时送达"的服务承诺和"封闭式管理、开放式运作"的管理模式。设立了 2000 万元的科技创新发展专项资金和 1000 万元的人才发展专项资金，支持来区人才、团队和企业创新创业。制定了推进 3D 打印产业发展的保障措施，对来区从事 3D 打印领域的高层次人才研发创新，创业发展，给予设施配套，资金扶持奖励、建厂优惠等，全方位支持企业创新发展。

（4）一流的协同创新研究体系。分别与西北工业大学和西安交通大学合作，开展面向航空航天的 3D 打印金属构件、非金属零部件和精密加工件的体验、推广及研发生产。与烟台路通精密铝业有限公司合作，开展面向汽车、航天发动机的 3D 打印部件研发生产。建成激光成型、3D 打印创新创意设计及检测等 7 个示范平台，拥有快速成型、三维面扫描抄数、数据云处理等一批先进设备，为 3D 打印工程化研究和产业示范奠定基础。

（5）多样化的投融资支持体系。发起组建的首支 3D 打印创投基金，成立科创融资担保有限公司，协调银行、基金和风投公司等，为 3D 打印装备、软件开发、材料研制及应用行业提供金融担保。

（6）中省市区四级全方位协同共建体系。与工信部赛迪研究院就 3D 打印产业发展开展深度合作。科技部批复渭南国家新材料高新技术产业化基地。陕西省已将渭南 3D 打印产业培育基地，列入陕西省 3D 打印技术产业化推进工作计划。渭南市出台了《关于支持高新区打造国家新材料高新技术产业化基地的实施意见》，进一步整合全市优质资源加快推进 3D 打印产业化步伐。

2.3.2.4 江苏

2013 年 1 月，江苏省科技厅发布《江苏省三维打印技术发展及产业化推进方案（2013—2015 年)》提出，到 2015 年，江苏将培育形成 10 家左右产值超亿的骨干企业，开发出 100 项新产品；到 2020 年，培育出若干个居国际同行前列的骨干企业，3D 打印将成为江苏省重要的战略性新兴产业。

2013 年 8 月 26 日，江苏发布《创新型省份建设推进计划（2013—2015 年)》提出，加强前瞻性产业培育。面向国际科技前沿、江苏战略需求与未来产业发展，在纳米材料、石墨烯、大数据、未来网络、三维打印、北斗通信、小核酸和抗体药物等十大重点高技术领域超前部署，组织实施 100 个重大前瞻性技术研发项目，取得一批具有自主知识产权的原始创新成果并加快产业化。建设一批支撑产业持续创新的重大科技平台，与科技部、教育部合作建设一批科教结合的产业创新基地。2015 年，若干产业关键技术实现重要突破并达到国际先进水平，部分领域成为全国重要的产业研发创新高地。

2.3.2.5 浙江

2013 年 7 月 9 日，浙江省科技厅、经信委印发了《关于加强三维打印技术攻关加快产业化的实施意见》提出，围绕战略性新兴产业培育和传统产业转型升级的战略需求，以提升浙江省三维打印产业技术水平为目标，着重对三维打印工艺、专属新型材料和三维打印设备等进行技术攻关，着力突破三维打印关键技术，大力培育三维打印产业，加快构建三维打印产业链（产业带)，加强创新团队、平台及基地建设，全面提升浙江省三维打印产业整体技术水平。2015 年，突破三维打印领域的关键核心技术，部分技术和产品性能达到国际先进水平，三维打印产业成为浙江省重要的战略性新兴产业，使浙江省在促进三维打印技术产业化发展走在全国前列。工业级三维打印设备实现产业化，在工业设计、机械制造和文化创意等领域实现一定规模的推广应用，研发出技术水平达到国际先进水平的直接数字化制造用途的三维打印设备，力争培育 5 家以上产值超亿元的骨干企业，浙江省成为国内实现三维打印产业率先发展的主要省份。

通过计划实施，实现突破一批关键技术，开发一批实用性强、产业带动性强、技术含量和附加值高的高新技术装备。2015 年，三维打印设备产业实现产值 10 亿元以上，带动相关行业实现 1000 亿元产值，计划的实施将使浙江省在国内三维打印产业发展布局中占据重要地位。

2.3.2.6　杭州（浙江）

2014 年 1 月 6 日，杭州市经济和信息化委员会在《杭州市关于加快推进 3D 打印产业发展的实施意见》提出，到 2015 年，培育 2～3 家产值超亿元的骨干企业，认定一批 3D 打印应用示范企业，建设覆盖全省、辐射全国的 3D 打印服务中心，使杭州市成为国内 3D 打印产业率先发展的重要城市。重点工作包括六项：

（1）加强关键和共性技术研发。面向技术前沿，形成由企业、政府、高校院所、用户等多方组成的产学研用联合体，协同开展 3D 打印相关软件、工艺、材料、装备、应用、标准及产业化的系统性整体性攻关。开展基础研究工作，发挥国家、省自然科学基金的作用，突破 3D 打印技术的基础性和理论性瓶颈。积极争取国家、浙江省有关 3D 打印扶持项目，促进 3D 打印产业化应用。推进建立 3D 打印制造技术与其他先进制造技术融合的新型数字化制造体系，力争掌握具有核心自主知识产权的 3D 打印关键和共性技术。

（2）加强示范和推广应用。以杭州市现有产业基础为突破口，选择在工业设计、生物医疗、文化创意、教育培训、装备制造、模具制造等领域率先开展示范应用，在相关行业中认定一批 3D 打印示范应用企业；鼓励 3D 打印产业链的企业创新 3D 打印的商业模式，快速培育应用市场；鼓励杭州市内企业、政府性投资项目和政府采购同等优先使用；加强在教育行业的推广应用，通过其在中小学校或职业学校中的应用，培育 3D 打印人才基础。

（3）加强项目建设和企业培育。以萧山 3D 打印产业园等项目建设为主体，形成完善的孵化、应用、产业承接发展体系。大力培育 3D 打印骨干企业，在科技项目实施、创新平台建设和高端人才引进等方面给予支持，进一步提升企业的科技创新能力和国际市场竞争力；对符合条件的骨干企业，积极支持其设立企业技术中心（研发中心）；实行一企一策，尽快扶持企业做大做强；扶持一批特色鲜明、技术含量较高、配套能力较强、市场前景较好的从事装备关键部件研发的科技型中小企业，形成大中小企业协作配套的发展格局。

（4）加强资本和产业对接。充分发挥杭州区域性金融服务中心的积极作用，鼓励资金以风险投资、股权投资等不同方式，进入3D打印产业领域。鼓励3D打印公司在国内外资本市场上融资，实现资本市场上做大做强。发挥市创投引导基金、产业母基金的引导作用；对于有技术、有市场、有人才的企业和项目，积极引导和支持银行业金融机构加大科技信贷投入；继续完善设立债权基金、种子基金、风险池资金，推行联合担保、股权质押融资等行之有效的创新做法；探索推进知识产权质押融资、科技创新企业信用贷款等各类科技金融创新。

（5）加强创新平台建设。鼓励园区（工业功能区）、企业、协会、高校、院所等单位，单独建设或通过整合资源联合建设3D打印技术服务中心，在各重点行业中开展推广应用，政府通过一定的形式给予资金扶持；积极发挥工业设计协会、工业设计园区和工业设计中心等各类平台的作用，实现工业设计及制造技术与3D打印的融合应用，形成优势互补、协同发展的良好局面；组建以骨干企业牵头、高校院所支撑的3D打印产业联盟，围绕关键共性技术开展联合攻关；进一步发挥国家和省级企业技术中心（研发中心）、重点实验室等各类重大创新平台的作用，将3D打印技术作为今后研究和应用的重要方向；鼓励引进大院大所与杭州本地企业共建创新平台。

（6）加强人才队伍建设。鼓励相关高校和科研院所加强3D打印与先进制造、电子信息、新材料和工业设计等多学科交叉融合，加快培养3D打印研发人才；将3D打印人才培训纳入政府的培训内容，采用政府补贴的方式加以扶持；加快引进3D打印技术高层次人才和团队，完善配套服务，落实相关政策，鼓励海外专业人才回国创业，优先列入各类人才资助项目；鼓励3D打印企业管理者与科技人才的国际交流，培养具有国际化视野的领军人物；鼓励有条件的企业在境外设立3D打印研发机构，占领国际人才的高地；充分发挥"青蓝计划""蒲公英计划"的作用，鼓励创新创业。

2.3.2.7 福建

福建省经贸委、发改委、省科技厅印发《关于促进3D打印产业发展的若干意见》，提出2015年，建成1个研发平台和1个产业化示范基地，在重点领域实现3D打印创新应用。2020年，建成3个研发平台和3个产业化示范基地，培育 10 家以上产值超十亿元企业，形成较为完整的 3D 打印产业链，全产业年产值超过 200 亿元。重点发展提高 3D 打印技术水平和产业化水平。重点突破 3D 打印材料研发、过程控制、数字化建模、后处理等环节的共性关键技术，研发 3D 打印工程化和产业化技术，开发微喷墨打印阵列、激光器、打印设备等关键部件和装备。鼓励 3D 打印技术、产品及服务在各个行业的创新应用，改造提升传统产业中的制造环节。

提出 3D 打印产业发展的主要任务是：依托中科院海西研究院、厦门大学、福州大学等高校、科研机构及相关企业，推动产学研用深度合作，建立一批 3D 打印产业科技创新服务平台，突破一批制约 3D 打印产业发展瓶颈的关键技术，加快科技成果在福建省产业化。包括三点：

（1）建设一个产业联盟。联合高校、科研院所及相关企业，建设 3D 打印产业联盟，建立常态化交流合作机制，为企业提供信息、培训、交流等公共服务，促进资源共享和互惠互利；建立产业协同创新机制，加强与境内外高校、科研机构的合作交流，强化技术标准、专利及创新体系建设，提升产业核心竞争力；开展前瞻性研究和技术联合攻关。

（2）建设三个技术研发平台。①建设材料研发平台，以聚合物材料、金属基材料、陶瓷基材料等为重点研发、生产 3D 打印材料；②建设核心部件和装备研发平台，开发高精度成型工艺核心部件，研发硬件控制技术与开放式数控系统、3D 打印及后处理设备的集成技术，促进其在信息制造业等行业的推广应用；③建设 3D 建模研发平台，研发 3D 模型获取、3D 建模技术与工程仿真、产品开发与服务云平台、3D 打印过程控制等关键技术，推动 3D 打印数字化建模系统产业化创新应用。

（3）建设三个产业化应用示范基地。①建立材料产业化应用示范基地，推广使用聚合物基、金属基纳米粉末材料制备技术，培育拥有自主知识产权的材料生产企业，满足福建省 3D 打印材料市场的需求；②建立核心部件和装备产业化应用示范基地，推进非线性变频可多波长激光器、光纤激光器、喷印头等技术成果的产业化，扩大 3D 打印部件和装备的应用规模及范围，加快福建省 3D 打印关键核心部件和装备的集聚发展；③建立传统产业再设计应用示范基地，以汽车、电子、模具、塑胶、医疗等领域为重点，加强用户方、设计方、制造方、市场方的协作互动，开展再设计、再制造应用，提高设计制造能力，促进产业转型升级。

2.3.2.8 四川

2014 年 7 月 31 日，《四川省增材制造产业（3D 打印）发展路线图（2014—2023）》发布，明确了四川省增材制造技术产业发展的思路和路径，主要对增材制造设备、材料、控制及辅助系统等三个方面进行研究，积极探索增材制造技术在航空航天、精密机械、生物医疗、设计应用平台等 4 个领域的应用，并力争以应用带动产业发展，形成一个依托于四川省优势的增材制造产业链。

2.3.2.9 成都（四川）

2013 年 10 月，《成都 3D 打印产业技术路线图》正式公布，提出三个产业重点发展领域：

（1）抢抓 3D 打印新材料领域，构筑技术专利"资源池"与 3D 打印材料"成都造"新名片。面向全球市场需求，依托本地领军企业，如高纤复材领域的中蓝晨光，四川大学高分子材料国家重点实验室，电子信息材料领域的东骏激光，化工新材料领域的西南化工研究设计院，生物医用新材料领域的生物医学材料工程技术研究中心、国纳科技，金属材料领域的四川有色科技集团等企业，通过科技攻关、内挖潜力、外引资源，积累技术专利，促进成果转化，研制 3D 打印所需的高端材料。

（2）全力瞄准航空产业，树立全国性航空航天 3D 打印产业应用示范基地。紧密围绕航空产业优势，引导 611 所在设计领域引入 3D 打印技术，实现快速设计和原型验证；通过联合北京航空航天大学、西北工业大学等高校，在 5719 厂、132 厂、成发集团建立联合实验中心，重点攻关 3D 打印技术和应用领域，试制航空零部件，形成产业化应用，巩固和强化航空维修领域优势，形成特色鲜明的航空航天 3D 打印产业示范基地。

（3）结合成都设计与旅游产业潜能，发力 3D 打印消费应用蓝海。电子信息、机械汽车、食品饮料、家具、制鞋等特色产业领域，引导拓成、朴素堂、丙火设计、浪尖、嘉兰图、洛可可等企业利用 3D 打印技术完成打样，将设计理念快速实现，提升设计效率和设计水平。延伸消费品设计领域的后端产业链，结合成都旅游产业资源，鼓励 3D 打印照相、纪念品等产业形态的发展，推广独具四川文化特色的 3D 打印旅游纪念品和高端工艺品。

提出三个技术突破主攻方向：

（1）3D 打印材料技术。瞄准 3D 打印产业高端环节，通过技术引进、本地培育和协同创新，重点突破价值链顶端的金属材料，以及市场需求潜力大的生物医学材料、高纤复材、化工新材料。金属材料领域：协同创新金属材料领域的钛合金粉、合金钢粉的制备技术，以及气雾化法、化学气相法等先进技术，满足 3D 粉末的球形度、纯度、粒径规格的要求，提升粉末性能的稳定性。生物医学材料领域：本地培育生物医学材料领域的骨诱导磷酸钙生物陶瓷制备技术、纳米磷灰石/聚酰胺骨修复复合材料制备技术，外部引进和前瞻发展 3D 打印血管支架制备技术。高纤维复合材料领域：本地培育高纤复合材领域的碳纤维、玻璃纤维等高性能纤维，开发推广复合材料构件先进制造成型工艺。化工新材料领域：协同创新化工材料领域的聚苯硫醚（PPS）、聚醚醚酮（PEEK）、聚酰亚胺（PI）等特种工程塑料、高性能聚酰胺树脂及合金（PA）材料，重点研发规模化、低成本、稳定化的制备技术。

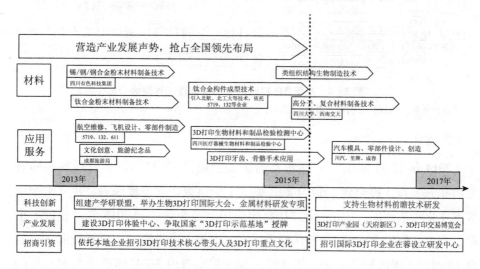

图 2-3　成都发展 3D 打印的战略对策

资料来源：《成都 3D 打印产业技术路线图》。

（2）航空 3D 打印应用技术。探索 3D 打印技术在航空产业的应用领域：

结合成都市在飞机研发设计领域、发动机维修领域和大构件制造领域的产业基础，针对新时期产业发展的实际需求，通过本地培育和协同创新，应用3D打印技术，重点提升整机维修和发动机叶片修复技术、飞行器原型设计技术和大型航空结构件制造技术。飞机维修领域：重点发展民航客机、运输机、直升机的整机维修、发动机叶片修复3D打印技术。航空飞行器设计领域：协同创新引导应用航空设计原型验证。大型航空结构件制造领域：协同创新钛合金主风挡窗框、中央翼缘条、起落架等大型结构件的航空零部件试制。

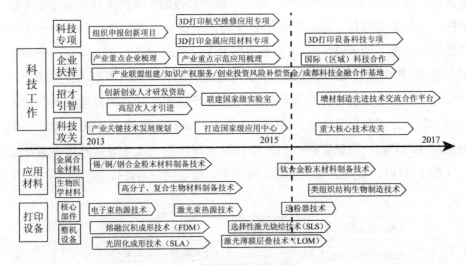

图2-4 成都3D打印产业科技管理工作路线

资料来源：《成都3D打印产业技术路线图》。

2.3.2.10 广州

2014年12月26日《广州市荔湾区关于加快3D打印产业发展的实施意见》正式发布，提出到2014年底，成立1个市级产业发展联盟，建立1个市级产业化示范园区，认定一批3D打印应用示范企业；到2015年，建设1个覆盖全市、辐射全省的3D打印服务中心，申报1个省级产业化示范园区，培育10家以上国内知名企业，使荔湾区成为广东省内3D打印产业率先发展的重要区域；到2016年，将荔湾区打造成中国3D打印技术产业总部基地和中国3D打印技术产业创新中心。

其重点工作包括：

（1）建设一个产业联盟。由广州市经贸委、荔湾区经贸局和科技信息局指导，联合市、区范围内的园区、3D 打印软件技术、设备工艺与制造、打印材料等相关企业及相关高校、科研院所结成互相协作和资源整合的研发合作产业联盟，形成技术共研、成果共享、市场共荣和风险共担的利益综合体；通过产业联盟，带动广州 3D 打印产业从软件、硬件、材料、公共服务平台四个环节全产业链的繁荣壮大；建立常态化交流合作机制，为企业提供信息、培训、交流等公共服务，促进资源共享和互惠互利；建立产业协同创新机制，加强与高校、科研机构的合作交流，强化技术标准、专利及创新体系建设，提升产业核心竞争力；开展前瞻性研究和技术联合攻关。

（2）加强示范和推广应用。以荔湾区现有产业基础为突破口，选择在工业设计、电子商务、珠宝饰品、生物医疗、文化创意、教育培训、装备制造、模具制造等领域率先开展示范应用。通过产业联盟认定一批 3D 打印示范应用企业。鼓励 3D 打印产业链的企业创新 3D 打印的商业模式，快速培育应用市场。鼓励区内企业、政府性投资项目和政府采购同等优先使用。加强在教育行业的推广应用，通过在中小学校或职业学校中的应用以及与高校院所的产学研合作，培育 3D 打印人才基础。

（3）加强园区项目建设和企业培育。以广州市服务型制造业集聚区——3D 打印产业园建设为主体，形成完善的孵化、应用、产业承接发展体系。大力培育 3D 打印骨干企业，在科技项目实施、创新平台建设和高端人才引进等方面给予支持，进一步提升企业的科技创新能力和市场竞争力。实施"3D 打印示范工程"，通过产业联盟评选 10 家全国 3D 打印业务或知名度排名靠前的本区企业，开展示范试点培育；鼓励企业创新服务、创新技术、创新商业模式，引导优势企业兼并重组整合，帮助有实力、发展前景好的企业打响知名度，着力培养具有国内竞争力的龙头企业。加大力度引进国际国内 3D 打印企业高端项目，重点引进国内 50 强 3D 打印企业和国际知名 3D 打印企业区域总部并给予资金扶持。

（4）加强创新平台建设。鼓励园区（工业功能区）、企业、联盟协会等单位，单独建设或通过整合资源联合建设 3D 打印技术服务中心，在各重点行业中开展推广应用，政府通过一定的形式给予资金扶持。积极发挥产业联盟、工业设计园区和工业设计中心等各类平台的作用，实现工业设计及制造技术与3D打印的融合应用，形成优势互补、协同发展的良好局面。鼓励引进大院大所与荔湾区本地企业共建创新平台。

（5）加强人才队伍建设。加快培养3D打印研发人才，将3D打印人才培训纳入政府的培训内容，采用政府补贴的方式加以扶持。加快引进3D打印技术高层次人才和团队，完善配套服务，落实相关政策，鼓励海外专业人才回国创业，优先列入各类人才资助项目。鼓励3D打印企业管理者与科技人才的国际交流，培养具有国际化视野的领军人物。鼓励有条件的企业在境外设立3D打印研发机构，占领国际人才的高地。

（6）加强资本和产业对接，拓展3D企业融资渠道。充分发挥广州核心区域金融服务中心的积极作用，鼓励资金以风险投资、股权投资等不同方式，进入3D打印产业领域。鼓励3D打印公司在国内外资本市场上融资，实现资本市场上做大做强。对于有技术、有市场、有人才的企业和项目，积极引导和支持银行业金融机构加大科技、信贷投入。探索推进知识产权质押融资、科技创业企业信用贷款等各类科技金融创新。

2.3.3 各3D打印联盟、产业基地简述

2.3.3.1 世界3D打印技术产业联盟

为了深化全球3D打印行业间的对话与合作，2013年5月29日，世界3D打印技术产业大会期间，由亚洲制造业协会、中国3D打印技术产业联盟、英国增材制造联盟、比利时 Materialise 公司、德国 EOS 公司、美国 3D stratasys 公司、美国 Exone 公司等机构和企业的代表，及美国 Drexel 大学周功耀教授、新加坡南洋理工大学宇航与机械学院院长 Chua Chee Kai 教授、英国 Choc Edge Ltd、Wohlers Associates、华中科技大学史玉升教授、清华大学颜永年教授、北京航空航天大学王华明教授、华南理工大学杨永强教授、上海大学胡庆夕教授、南京师范大学杨继全教授，以及国内杭州先临三维科技公司、重庆绿色智能技术研究院、湖南华曙高科有限公司、中科院宁波材料所等公司和研究院所代表，共计40多位来自美国、德国、比利时、新加坡、英国和国内的专家学者、企业代表共同发起，成立了世界3D打印技术产业联盟。

联盟宗旨是：① 整合世界 3D 打印行业资源，办好世界 3D 打印技术产业大会和世界 3D 打印技术博览会、3D 打印创意大赛等年度性重要活动，促进 3D 打印行业间，以及 3D 打印企业与用户间的对话与协作；②协调用户、企业和其他社会资源，全面提升和巩固联盟成员在世界 3D 打印技术相关领域的地位和作用，并为会员积极创造良好的发展环境；③组织制定行业标准，维护行业整体利益；④发挥行业智库作用，研究和探讨发展过程中遇到的热点和难点问题；⑤引领世界 3D 打印技术产业的有序发展，集中建设 3D 打印技术产业总部和创新中心，加快 3D 打印技术与传统产业结合，促进其产业化进程。

2.3.3.2　中国 3D 打印技术产业联盟

2012 年 10 月 15 日，在工信部原材料司、工信部政策法规司的支持下，亚洲制造业协会联合华中科技大学史玉升教授、北京航空航天大学王华明教授、清华大学颜永年教授、华南理工大学杨永强教授、中航天地激光科技有限公司、湖南华曙高科有限公司、南京紫金立德电子有限公司、佛山峰华卓立制造技术有限公司、无锡飞而康快速制造公司、昆山永年先进制造技术有限公司、杭州先临三维科技股份有限公司、杭州铭展网络科技有限公司等科研单位和企业共同发起，成立了中国 3D 打印技术产业联盟。原材料司副司长潘爱华、政策法规司副司长杨健等参加了联盟成立活动。

中国 3D 打印技术产业联盟是全球首家 3D 打印产业联盟，标志着我国从事 3D 打印技术的科研机构和企业从此改变单打独斗的不利局面，整合行业资源，集中展示我国 3D 打印技术的良好形象，便于加强与政府间或国际间的广泛交流。

联盟的宗旨是：加大 3D 打印技术科普、教育、培训、研发、推广、应用的力度，深入推进 3D 打印技术与传统产业有机结合，促进 3D 打印技术产业化进程。

2.3.3.3　全国增材制造（3D 打印）产业技术创新战略联盟

2014 年 3 月 26 日，全国增材制造（3D 打印）产业技术创新战略联盟在南京正式成立，包括南京航空航天大学、中国航天科技集团等在内的 83 家 3D 打印行业大型央企、科技创新型企业和高校院所成为该联盟首届理事单位。

联盟由紫金（江宁）科技创业特别社区与南京增材制造研究院等单位共同发起成立，是致力于增材制造技术的研究、开发、产业化、服务和应用的单位自愿组成的合作平台，将通过统筹协调全国增材制造技术和产业相关资源，提升增材制造技术相关领域的研究、开发、制造、服务水平，促进增材制造技术标准的推广和应用，促进产业发展。

2.3.3.4　北京数字化医疗3D打印协同创新联盟

北京数字化医疗3D打印协同创新联盟2014年10月28日成立，联盟单位包括北京工业大学、国药集团中国医药对外贸易公司、中国人民解放军总医院、中国科学院自动化研究所等。

北京数字化医疗3D打印协同创新联盟目前获批2个中心和2个北京市重点项目。联盟的成立促进了工程中心的建设与运作模式的探索，以企业和市场需求确立研发方向，进行基础研究、应用开发、产业化"全研发链"的协同攻关；政府引导，发挥高校在国家科技创新中心的纽带作用，带动多方位科技创新；盘活高校和北京的科技及创新资源、聚焦人才、服务产业、孵化高精尖企业方面，为北京科技创新建设做出贡献。

2.3.3.5　上海3D打印产业联盟

2015年5月28日，上海市3D打印技术产业联盟正式成立。

2.3.3.6　山东3D科技创新产业联盟

2015年6月14日，山东3D科技创新产业联盟在济南成立。该联盟由赛伯乐投资集团、山东大学、山大华天软件有限公司、国家信息通信国际创新园等近40家企业、高校及科研院所组成，共同致力于将山东打造成为全国领先的3D打印产业基地。

联盟将充分发挥"政、产、学、研、投、用"全产业链平台优势，结合国家产业政策导向，构建山东3D产业资源互补、协作发展的平台，促进3D前沿技术成果的产业转化和人才培养，推动山东3D设计、3D打印、机器人、3D动漫、游戏与虚拟仿真等技术研究、应用和产品推广，发展壮大山东的3D创新产业。

联盟还将积极与国家3D科技创新产业联盟和赛伯乐山东智慧制造产业基

金会对接，促进创新创业大学、众创大厦等项目在山东的落地，打造山东省
高端创业人才聚集的孵化器和创业产业园区，为山东创新经济的发展注入新
活力。

2.3.3.7　潍坊3D打印暨先进制造产业技术创新战略联盟

潍坊高新区整合潍柴动力、福田模具、特钢集团、赛迪打印等20家重点
3D打印技术研发、生产和应用企业及机械科学研究总院、郑州机械研究所、
清华大学等7家高校和科研机构等资源，牵头组建潍坊3D打印暨先进制造产
业技术创新战略联盟，加快培强、做大从设计、加工、装备、材料到应用服
务的产业链条。

联盟将围绕建设3D打印技术创新中心和3D打印总部基地，出台产业扶
持政策，设立专项发展基金，培育专家顾问团队，加强产学研交流合作，加
快3D打印技术产业化、市场化进程，加速3D打印技术与传统制造技术的有
机结合，促进易损机械件修复、模具开发、个性化复杂零部件制造、多金属
熔覆材料研发等领域的发展，提升装备制造业创新水平，为潍坊产业转型注
入"智能制造"的新动力。

2.3.3.8　江苏三维打印产业技术创新战略联盟

江苏省为实施创新驱动战略，加快发展战略性新兴产业，着力提升科技
创新对先进制造业的支撑引领作用，于2013年初由江苏省科技厅牵头组织制
定了《江苏省三维打印技术发展及产业化推进方案（2013—2015年）》，全面
部署和推动3D打印技术及产业发展。根据规划，到2015年，江苏将培育、
形成10家左右产值超亿的骨干企业，开发出100项新产品，在工业设计、智
能制造、科研教育、文化创意、生物医疗等领域实现一定规模的推广应用；
到2020年，有力提升江苏制造业的发展水平，培育出若干个居国际同行前列
的骨干企业，使三维打印产业成为江苏重要战略性新兴产业。

2013年3月，由江苏紫金电子集团有限公司、江苏省生产力促进中心、
飞而康快速制造科技有限责任公司、江苏敦超电子科技有限公司、江苏永年
激光成形技术有限公司、苏州秉创科技有限公司、机械科学研究总院江苏分
院、南京航空航天大学、南京师范大学等单位发起，联合江苏省3D打印领域

相关企业与省内外高校、科研院所、大型企业正式成立江苏省三维打印产业技术创新战略联盟。目前，共有成员单位50家。联盟将整合、集聚国内外创新资源，构建产业链合作体系，加快突破核心技术，联合培养人才，壮大骨干企业集群，提升联盟成员在三维打印技术相关领域的研究、开发、制造、服务水平，加快江苏三维打印技术产业化、市场化进程，努力在国内外竞争中抢占发展先机，为江苏省制造业转型升级和战略性新兴产业发展提供有力支撑。

联盟第一届理事会由江苏紫金电子集团有限公司副总经理连宁担任理事长、江苏省生产力促进中心主任胡义东担任常务副理事长，秘书处设在江苏省生产力促进中心。联盟聘请西安交通大学卢秉恒院士、清华大学颜永年教授为专家技术委员会名誉主任，原江苏省政协副主席、南京航空航天大学黄因慧教授为专家技术委员会主任。

2.3.3.9　浙江省3D打印技术产业联盟

为联合浙江省3D打印技术上下游资源，推动产业间的交流对话，促进产业间协同创新发展，2013年9月25日，由浙江省经信委联合浙江大学、浙江工业大学等权威科研机构和3D行业领先企业共同发起的浙江省3D打印技术产业联盟正式宣告成立。

联盟旨在积极推动3D打印与数字化技术在各领域的应用，助推区域经济升级版。在文化创意领域，推进科技与文化的深度融合；在工业制造领域，助推企业新产品开发转型升级；在生物医疗领域，提高医疗诊疗与服务水平。

2.3.3.10　杭州市3D打印联盟

为了更好地整合资源，推动行业协同创新，2013年9月25日，在杭州市经信委牵头下，杭州市3D打印联盟正式成立，包括浙江大学、先临三维、杭州捷诺飞生物科技等20家主要成员单位。

联盟的成立将加快推进杭州3D打印技术研究开发进度，以行业应用市场为导向，以产业链协同为优势，重点发展基于"软件—材料—装备—关键部件"一体化的3D打印新技术，着力构建、完善以企业为主体，产学研协同创新的3D打印技术研发创新体系。

联盟为杭州的3D打印产业绘制了发展路径图。到2013年底，完成生物、桌面 3D 打印机的产业化开发；到 2014 年底，初步建成 3D 打印技术创新链；到 2015 年底，基本建成 3D 打印技术创新体系和产业链，达到国内领先、世界先进水平。

2.3.3.11   广东省 3D 打印产业创新联盟

2014 年 11 月 25 日，广东省 3D 打印产业创新联盟成立。广东省 3D 打印产业创新联盟是由从事 3D 打印产业装备制造、产业技术研究、加工服务、配套服务的企业、科研单位、行业组织和个人自愿组成，目的在于整合广东省 3D 打印产业上、中、下游产业链资源，促进行业间的交流与共同发展。

2.3.3.12   广州市 3D 打印技术产业联盟

2014 年 9 月，广州市 3D 打印技术产业联盟成立。联盟的宗旨是整合及协调广州市 3D 打印技术产业上下游资源，营造广州地区 3D 打印技术发展环境，促进 3D 打印产业与传统产业的有机结合，最终实现 3D 打印技术产业化集群、跨行业的研发。

联盟由华南理工大学机械与汽车学院教授杨永强、中科院广州电子技术研究所处长赵光华、中国工业设计协会常务副理事长赵卫国等多名业界人士及广东星之球激光科技有限公司总经理邵火、广州文博实业有限公司董事长朱杨林、英诺威设计有限公司总经理吴新尧等企业精英发起。

2.3.3.13   东莞 3D 打印技术产业联盟

2014 年 6 月 12 日，由东莞市经信局、市科技局等部门支持，银禧科技、东莞市科技创新企业协会等倡议的东莞市 3D 打印技术产业联盟正式成立。

产业联盟首先是对内整合资源，东莞市 3D 打印市场规模较小，需要企业界齐心协力，加强上下游产业链的合作，实现资源共享，通过资源整合摸索 3D 打印和传统制造业融合发展的模式，最终为东莞市的传统制造业和信息服务业做好配套。

2.3.3.14   成都增材制造（3D 打印）产业技术创新联盟

2013 年 6 月 27 日，西部地区首个 3D 打印产业技术创新联盟——成都增材制造（3D 打印）产业技术创新联盟成立仪式在成都举行。该联盟由 5719 厂、四川有色科技集团、四川大学制造科学与工程学院等 20 余家单位联合发起，是有效整合成都市 3D 产业优势资源、深化产学研用合作、突破产业发展关键核心技术的重要区域性协同创新平台。

成都市科技局批准以 5719 工厂为主体建设成都增材制造（3D 打印）产业工程技术研究中心，5719 工厂分别与四川有色科技集团、成都真火科技有限公司、四川大学签署协同创新意向协议，依托工程技术研究中心协同开展金属材料、热源装备、系统集成等项目的联合攻关，通过开展产业集群协同创新，力争突破一批核心关键技术、掌握一批自主知识产权、形成一批战略性新兴产品，实现全市 3D 打印产业的全链突破。

2.3.3.15　陕西渭南高新区 3D 打印产业培育基地

渭南高新区 3D 打印产业培育基地的建立，是陕西省、渭南市坚持走创新驱动发展道路，加快推进区域产业结构优化升级的重大举措。依托陕西悠久的历史文化和雄厚的科技基础，渭南高新区以市场为导向，加快构建以企业为主体，产学研紧密结合的科技创新服务平台，努力实现优势领域、共性技术、关键技术的重大突破。

2013 年以来，为全面推动 3D 打印产业化蓬勃发展，渭南高新区围绕 3D 打印产业发展创新技术链、完善资本链、健全服务链、培育产业链四大环节，全方位实施 3D 打印"6＋1"发展战略，即一流的协同创新研究体系、多元化的投融资支持体系、满足各种业态空间承载体系、有吸引力的政策和人文关怀体系、多层次的创新人才支撑体系、全方位协同共建六大体系，倾力打造国家级 3D 打印创新制造示范基地。

2.3.3.16　湖北 3D 打印产业技术创新战略联盟

2013 年 12 月，湖北省首个 3D 打印产业技术创新战略联盟成立，包括打印设备制造的滨湖机电、云工厂运营的金运激光等 20 家成员单位。联盟成立的目标是充分整合产业链上下游企业优势资源，提升行业的整体技术水平。

2.3.3.17　贵州 3D 打印技术创新中心

贵州 3D 打印技术创新中心创建于 2013 年 7 月，创新中心以贵阳卓越智能技术有限责任公司为市场运作主体，总投资规模 4000 万，其中固定资产投资 2200 万元，无形资产投资 1500 万元，流动资金投资 300 万元。

贵阳卓越智能技术有限责任公司与西安交通大学、清华大学、华中科技大学等国内一流高校合作，通过建立国家工程研究中心、省级工程技术中心以上及院士工作站等平台，致力于先进制造、自动控制、电子装备技术、移动互联及云计算技术等高新技术领域的研发和产业转化，引进并培育中、高级技术人才，加强国际合作交流。通过聚集高新技术资源，发展高新技术产业，为贵州省制造业提供技术支撑。目前，已取得组建国家工程研究中心贵阳示范中心资格，正在申请贵州省快速制造工程技术研究中心和贵州省快速制造及智能装备院士工作站。

2.3.3.18　黑龙江省3D打印产业技术创新战略联盟

2014 年 12 月 18 日，黑龙江省 3D 打印产业技术创新战略联盟在黑龙江科技大学成立。黑龙江科技大学被推举为该联盟首任理事长单位。黑龙江 3D 打印产业技术创新战略联盟现有成员单位 34 家，是在黑龙江省科技厅的倡导下，在黑龙江科技大学的主导下，由哈尔滨量具刃具集团有限责任公司、东北林业大学、哈尔滨东安发动机（集团）有限责任公司、哈尔滨汽轮机厂有限责任公司、哈尔滨工业大学、哈尔滨鑫达高分子材料有限责任公司、中国第一重型机械集团公司、哈尔滨理工大学等单位共同参与组建，北京航空航天大学徐惠彬院士和东北林业大学李坚院士出任联盟顾问委员会主任。

黑龙江省 3D 打印产业技术创新战略联盟成立后，将以市场需求为导向，突出企业技术创新的主体地位，充分整合黑龙江省在 3D 打印技术方面的优势资源，围绕包括材料、软件、装备、服务和产品推广与应用为一体的 3D 打印产业链、创新链，开展产学研用合作创新，共同突破 3D 打印产业关键技术，实现知识产权共享、技术转移和扩散，推动 3D 打印制造装备的商品化和产业化。

2.3.3.19　陕西省3D打印产业技术创新联盟

陕西省 3D 打印产业技术创新联盟 2014 年 1 月 22 日在西安成立，陕西省在 3D 打印领域形成了相对完整的创新链、产业链和服务链。陕西省 3D 打印产业技术创新联盟在省科技厅主导下，由西安交通大学、西北工业大学、陕西省科技资源统筹中心、西北有色金属研究院、中科院西安光学精密机械研究所等 32 家省内产学研单位组成。

3.1 3D 打印材料的性能要求

3D 打印又称增材制造，是一种快速成型技术，而作为其核心的材料决定了成型工艺、设备结构和成型件的性能[①]。总体上，3D 打印对材料性能的要求是[②]有利于快速、精确地加工原型零件，且快速成型制件应接近最终要求，满足一定的强度、刚度、耐潮湿性和热稳定性要求，同时有利于后续处理工艺。精密度越高、速度越快对材料的要求就越高。

同时，不同的应用目标、不同的 3D 打印技术对成型材料又有着不同的要求。3D 打印的四个应用目标包括概念型、测试型、模具型、功能零件，对于材料的要求如表 3-1 所示。

表 3-1 不同应用目标对 3D 打印材料的要求

应用目标	材料要求
概念型	对材料成型精度和物理化学特性要求不高，主要要求成型速度快。如光敏树脂，要求较低的临界曝光功率、较大的穿透深度和较低的黏度
测试型	对于成型后的强度、刚度、耐温性、抗蚀性能等有一定要求。如用于装配测试，则要求型件有一定精度
模具型	要求材料适应具体模具制造要求，如强度、硬度。如对消失模铸造用原型，则要求材料易于去除，烧蚀后残留少、灰分少
功能零件	要求材料具有较好的力学和化学性能

---

① 余冬梅，方奥，张建斌. 3D 打印材料 [J]. 金属世界，2014（5）：6-13.
② 中国 3D 打印网. 3D 打印材料详解 [EB/OL]. http://www.3ddayin.net/3ddayincailiao/qita-cailiao/4932.html.

从不同的打印技术对材料的要求来看，目前广泛应用的 3D 打印制造技术主要分为五大类——粉末/丝状材料高能束烧结或融化成型（SLS、SLM、LENS 和 EBM）等、丝材挤出熔融沉积成型（FDM）、液态树脂光固化成型（SL、SLA）、液体喷印成型（3DP）、分层片材实体制造（LOM）。

其中，熔融沉积成型（FDM）技术要求热塑性塑料应具有低的凝固收缩率，陡的粘温曲线，较好的强度、刚度、热稳定性等物理机械性能。针对 FDM 的工艺特点，聚合物类的材料还应该满足料丝具有一定弯曲强度、压缩强度和拉伸强度，支撑材料不易折断；成型材料收缩率大；材料各层之间有足够的黏结强度等。而光固化成型 SLA 技术则要求材料在固化时收缩小，具有较大的硬度和较好的耐高温性能等①。

3.2　3D 打印材料的分类

3.2.1　按物理状态分类

按材料的物理状态，可将 3D 打印材料分为：①液体材料，SLA，光敏树脂；②固态粉末，SLS，包括非金属（蜡粉、塑料粉、覆膜陶瓷粉、覆膜砂等），金属粉（覆膜金属粉）；③固态片材，LOM，如纸、塑料、金属铂 + 黏结剂；④固态丝材，FDM，包括蜡丝、ABS 丝等。

表 3 - 2　常用 3D 打印材料的物理状态分类

材料形态	液体材料	固态粉末	固态片材	固态丝材
材料品种	光固化树脂	蜡粉	覆膜纸	—
		尼龙粉	覆膜塑	蜡丝
		覆膜陶瓷粉	覆膜陶瓷箔	ABS 丝
		钢粉	覆膜金属箔	
		覆膜钢粉		

---

① 孙聚杰. 3D 打印材料及研究热点 [J]. 丝网印刷，2013（12）：34 - 39.

3.2.2　按化学性能分类

按材料的化学性能的不同，可将常用的 3D 打印材料分为金属材料、聚合物、陶瓷材料和复合材料等。

表3-3　常用 3D 打印材料的化学性能分类

金属材料			聚合物	复合材料	陶瓷材料
黑色金属	有色金属	稀贵金属			
不锈钢	钛	金	ABS EP	高强度碳纤维 增强复合材料 玻璃纤维等	陶瓷
高温合金	镁铝合金	银	PLA		
	镓	铜	Endur		
	镓－铟合金		塑料垃圾、秸秆等		

3.2.3　按材料成型方法分类

按材料成型方法的不同，常用的 3D 打印材料的分类见表3-4。

表3-4　常用 3D 打印材料按成型方法分类

类型	成型技术	打印材料	代表公司
挤出成型	熔融沉积成型（FDM）	热塑性塑料、共融金属、可食用材料	Stratasys（美国）
粒状物料成型	直接金属激光烧结（DMLS）	金属合金	EOS（德国）
	电子束熔炼（EBM）	钛合金	ARCAM（瑞典）
	选择性激光烧结（SLS）	热塑性粉末、金属粉末、陶瓷粉末	3D Systems（美国）
	选择性热烧结（SHS）	热塑性粉末	Blueprinter（丹麦）
	基于粉末床、喷头和石膏的三维打印（PP）	石膏	3D Systems（美国）
光聚合成型	光固化成型（SLA）	光敏聚合物	3D Systems（美国）
	数字光处理（DLP）	液态树脂	EnvisionTec（德国）
	聚合体喷射（PI）	光敏聚合物	Objet（以色列）
层压型	层压板制造（LOM）	纸、塑料薄膜、金属箔	CubicTec（美国）

资料来源：华融证券市场研究部。

56

3.3　3D 打印材料发展历史

从 3D 打印材料的发展历史来看，塑料、尼龙、树脂、橡胶等高分子材料最早在 3D 打印领域获得应用，截至目前是发展最为成熟、应用最为广泛的材料。但由于这些材料强度、耐用性、耐高温性不佳，且有毒、不环保，故而应用范围受到限制。陶瓷、混凝土、玻璃、纸、蜡等材料一般应用在特定的细分领域中。

近年来，金属粉末发展较快，但目前尚存在成本高昂、普及程度不够等问题。未来材料的种类和功能会越来越多元化，易成型、耐用、无毒、环保、安全、成本低会成为未来 3D 打印材料的发展方向。

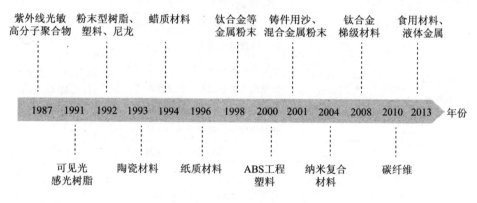

图 3-1　3D 打印材料发展简史

资料来源：华融证券市场研究部。

3.4　主要打印材料性能和应用现状

3D 打印材料是 3D 打印技术发展的重要物质基础，在某种程度上，材料的发展决定着 3D 打印能否有更广泛的应用。目前，3D 打印材料主要包括工程塑料、光敏树脂、橡胶类材料、金属材料和陶瓷材料等，而诸如彩色石膏材料、细胞生物原料以及巧克力等食品材料也在雕塑、医学等不同领域得到了应用[①]。

现有3D打印材料多为粉末或者黏稠的液体，从价格上来看，便宜的几百元1千克，最贵的1千克则要4万元左右。从3D打印材料的四种固化方式来看（加热、降温、紫外线、激光烧结），"熔融沉积"的整体成本最低，因而普及度也最高。随着新材料技术的发展，未来还会出现更多的3D打印材料。表3-5展示了常用的3D打印材料分类、性能和应用范围。

表3-5　各类3D打印材料性能和应用比较

打印材料	材料类型	材料特性	适用范围
光敏树脂类	自由基型紫外光敏树脂	固化速度快，黏度低，韧性好	汽车、医疗、消费电子等
	阳离子型紫外光敏树脂	反应固化率高，防水，尺寸稳定性好	
	低粘度液态光敏树脂	能制作耐用、坚硬、防水的功能零件	
塑料类	ABS P400	冲击强度高韧性好，不稳定易变形	概念型、测试型模具制造、医疗、航空航天工业、汽车工业等
	ABSi P500	冲击强度高韧性好，不稳定易变形	
	PLA	抗拉强度及延展度好，可降解	
	PC	高强度，耐高温，抗冲击，抗弯曲	
	PPSF	强度高、耐热性好、抗腐蚀性高	
	PC-ABS	结合了PC的强度和ABS的韧性	
	PS	热塑性树脂，吸湿率小，收缩率小	
	PA	对设备性能要求高，制造模型精度高	
	尼龙铝	高强度，硬挺	
	橡胶类材料	硬度高，抗撕裂强度高，拉伸强度高	
金属	钛合金	强度高，尺寸精密	家电、汽车、航天航空、医疗、工艺品等
	不锈钢	高强度，适合大型物体	
	镀银	导热导电性强，延展性强	
	镀金	导热导电性强，延展性强	
	镁铝合金	质轻、强度高	

---

① 杜宇雷，孙菲菲，原光，翟世先，翟海平．3D打印材料的发展现状［J］．徐州工程学院学报（自然科学版），2014，29（1）：20-24.

续表

打印材料	材料类型	材料特性	适用范围
其他	蜡粉	熔点低，精度差，强度低	烧结制作蜡型、精密铸造金属零件
	彩色石膏材料	坚固、色彩鲜艳，表面有细微颗粒	动漫、玩偶、建筑等
	食物	巧克力、砂糖等，多样化	食品制作加工

资料来源：华融证券市场研究部。

3.4.1　金属材料

金属材料的 3D 打印在国防领域应用广泛，3D 打印所使用的金属粉末一般要求纯净度高、球形度好、粒径分布窄、氧含量低。目前，应用于 3D 打印的金属粉末材料主要包括钛合金、钴铬合金、不锈钢和铝合金材料等，此外也有金、银等金属粉末用于打印首饰。

3.4.1.1　钛合金

1. 特点和应用领域

钛金属作为一种战略性金属材料，具有质量轻、强度高、耐腐蚀等特点，是 3D 打印适用性关键材料，主要应用于家电、汽车、航天航空、医疗等领域[1]，尤其是飞机制造、宇宙航天行业所必需的材料。

钛合金 3D 打印在飞机制造、宇宙航天领域优势明显。首先，它节约了90% 十分昂贵的原材料，加之不需要制造专用的模具，原本相当于材料成本 1 ~ 2 倍的加工费用现在只需要原来的 10%。加工 1 吨重量的钛合金复杂结构件，粗略估计，传统工艺的成本大约是 2500 万元，而激光 3D 焊接快速成型技术的成本仅 130 万元左右，其成本仅是传统工艺的 5%[2]。其次，更重要的是，许多复杂结构的钛合金构件可以通过 3D 打印的方式一体成型，不仅节省了工时，还大大提高了材料强度。图 3 - 2 为电子显微镜下的

---

[1]　林湖彬，杜崇铭，张姿，邓淑玲，林志丹 . 3D 打印材料的发展现状［J］. 科技向导，2014（35）：238.

[2]　中新网 . 中国展示世界最大战机 3D 打印钛合金零件［EB/OL］. http：//www.chinanews.com/mil/hd2011/2013/05 - 28/207872. shtml.

球形钛粉。

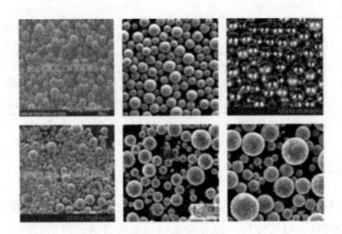

图3-2 球形钛粉

2. 发展历史和现状

美国是最早开发钛合金3D打印技术的国家。1985年，美国就在国防部的主导下秘密开始了钛合金激光成型技术的研究，并在1992年公之于众。随后美国继续研发这一技术，并在2002年将激光成型的钛合金零件装上战机试验[①]。我国的钛合金激光成型技术起步较晚。其中，中航激光技术团队取得的成就最为显著。早在2000年前后，中航激光技术团队就已经开始投入"3D激光焊接快速成型技术"研发，在国家的持续支持下，经过数年的努力，解决了"惰性气体保护系统""热应力离散""缺陷控制""晶格生长控制"等多项世界技术难题，生产出结构复杂、尺寸达到4m量级、性能满足主承力结构要求的产品，具有了商业应用价值。目前，我国已经具备了使用激光成型超过12平方米的复杂钛合金构件的技术和能力，并投入多个国产航空科研项目的原型和产品制造中[②]。我国成为目前世界上唯一掌握激光成型钛合金大型

---

① 南方日报．"打印"的飞机愈加普遍［EB/OL］．http：//epaper. southcn. com/nfdaily/html/2013 – 08/05/content_ 7213530. html.

② 王华明．大型钛合金结构激光快速成形技术研究进展［EB/OL］．激光网．http：//laser. ofweek. com/2013 – 01/ART – 240015 – 8500 – 28664705_ 2. html.

主承力构件制造并且装机工程应用的国家。

3. 成本

传统的钛金粉末生产方法包括将用科罗尔还原法制作的金属海绵体进一步制作成锭状的金属坯，再将金属坯熔化成条形，并最终雾化成粉末。钛合金球形粉末之前为美、德、英等西方发达国家所垄断，国际市场上用于 3D 打印的球形钛粉每克售价高达 5 元，贵过纯白银①。

2013 年，英国金属材料制造商 Metalysis 宣称该公司首次开发出低成本的钛金属粉末②，即将金红石（一种二氧化钛为主的矿石）用电解的方法直接制作成粉末状钛金属。这种方法还能很好地控制粉末颗粒的大小、纯度、形态和合金成分，并且成本上较传统的方法下降多达 75%，已经被用于 3D 打印汽车零部件，未来将广泛应用于汽车、航空航天和国防工业。

2015 年，山西卓锋钛业有限公司经历两年多的研发试验③，成功研制出 3D 打印球形海绵钛粉，填补了我国钛工业高端钛粉产业和技术的空白，打破了西方发达国家对这一项目的垄断。公司现生产的球形钛粉产品颗粒直径为 50～100 微米，产品经检测各项指标达到国际水平，钛粉产品规格和质量满足 3D 打印要求，可以替代进口。公司 3D 打印球形钛粉产品的建成达产后，预计可形成年产 300 吨的生产能力，彻底改变 3D 球形海绵钛粉依赖进口的局面，满足我国高端钛合金制造的需求，推动我国 3D 打印技术的应用和发展。

4. 实际应用

图 3－3 上方分别为国内钛合金 3D 打印的大型承重零件和骨髓外科植入物。图 3－3 中，左图为 rvnDSGN 团队利用 3D 打印技术将钛粉快速而高效地打印成精致的手表。3D 打印的钛手表具有自润滑轴承，通过提高制造精度和减小关键部位的运转摩擦来提高其使用寿命。右图则为英国的 Metalysis 公司

---

① 科技日报. 点"粉"成金　3D 打印材料比白银还贵［EB/OL］. http://digitalpaper. stdaily. com/http_ www. kjrb. com/kjrb/html/2015－04/15/content_ 299844. htm? div =－1.

② 钛工业网. 2013 年，英国金属材料制造商 Metalysis 宣称该公司首次开发出低成本的钛金属粉末［EB/OL］. http://www. tiip. cn/NewsContent. asp? ID =3525&ParentID =1.

③ 3D 虎. 山西卓锋钛业成功研制 3D 打印材料：球形海绵钛粉［EB/OL］. http://www. 3dhoo. com/news/qvwen/14494. html.

利用钛金属粉末打印的叶轮和涡轮增压器等汽车零件。

图3-3　钛合金3D打印应用

资料来源：华融证券市场研究部。

3.4.1.2　不锈钢

1. 特点和应用领域

不锈钢粉末是金属3D打印经常使用的一类性价比较高的金属粉末材料，可以算是最廉价的金属打印材料。不锈钢材料具有强度较高、耐空气、蒸汽、水等弱腐蚀介质和酸、碱、盐等化学浸蚀性介质腐蚀的优点，适合打印尺寸较大的物品。缺点是3D打印的不锈钢制品表面略显粗糙，且存在麻点。不锈钢具有各种不同的光面和磨砂面，常被用作珠宝、功能构件和小型雕刻品等的3D打印。图3-4为德国某厂家3D打印不锈钢粉末的微观结构①。

---

① 姚妮娜，彭雄厚. 3D打印金属粉末的制备方法［J］. 四川有色金属，2013（4）：48-51.

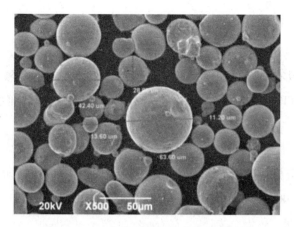

图 3 - 4　3D 打印不锈钢粉末的微观结构

资料来源：华融证券市场研究部。

2. 成本

目前，不锈钢打印材料的价格大概为钛合金的 1/5 左右，大概在每千克 320 ~ 750 元。

3. 实际应用

图 3 - 5 左图为美国一家公司制造的全球首款 3D 金属手枪[①]，右上为设计师 Bitonti 用 3D 打印出的桌子，右下角为不锈钢 3D 打印的工艺品。

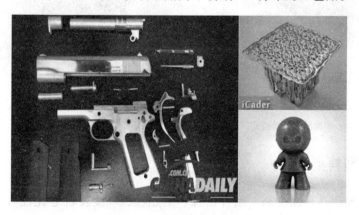

图 3 - 5　不锈钢 3D 打印应用

资料来源：华融证券市场研究部。

---

① 袁建鹏. 3D 打印用特种粉体材料产业发展现状与趋势 [J]. 新材料产业，2013 (12)：19 - 23.

3.4.1.3 镁铝合金

1. 特点和应用领域

镁铝合金具有质轻、强度高的优良性能,因而在制造业领域得到了大量应用。在3D打印技术中,它也毫不例外地成为各大制造商所中意的备选材料。

2. 成本

普通铝合金材料价格为每千克15~18元,而用于3D打印的铝合金粉的价格在每千克300~400元左右。

3. 实际应用

图3-6中,左为日本佳能公司利用3D打印技术制造出了顶级单反相机壳体上的镁铝合金特殊曲面顶盖。右图为来自美国普渡大学的技术员 Dahlon P Lyles 利用铝合金材料 AlSi12 打印出了能够承重408公斤的晶格结构[1],这个晶格结构总重量仅为3.9克。

图3-6 镁铝合金3D打印应用

资料来源:华融证券市场研究部。

3.4.2 塑料类

工程塑料具有强度高、耐冲击性、耐热性、硬度及抗老化性等优点,是目前应用最广泛的一类3D材料,常见的工程塑料包括 Acrylonitrile Butadiene

---

① 中关村在线. 坚如磐石! 3D打印铝合金可承重408公斤 [EB/OL]. http://oa.zol.com.cn/495/4959676.html.

styrene（ABS）类材料、Polycarbonate（PC）类材料、尼龙类材料等。

3.4.2.1　ABS 材料

1. 特点和应用领域

ABS 材料，即丙烯腈 – 丁二烯 – 苯乙烯，是从化石燃料中提取出来的一种热塑性工程塑料，也是熔融沉积成型 FDM（Fused Deposition Modeling）快速成型工艺常用材料之一（见图 3-7）。ABS 塑料具有强度高、韧性好、耐冲击及抗高温等优点，正常变形温度超过 90℃，可进行机械加工（钻孔、攻螺纹）、喷漆及电镀。此外，它具有极好的耐磨性和抗冲击吸收能力。但缺点是不能生物降解，且大多数 ABS 部件与 3D 打印机机床直接接触的打印表面易出现向上卷曲，造成其精度障碍，故而需要在加热打印表面时确保其光滑、平整和洁净，以消除卷曲现象。ABS 材料的颜色种类繁多，如象牙白、白色、黑色、深灰、红色、蓝色、玫瑰红色等，广泛应用于汽车、家电、电子消费品等领域。

图 3-7　3D 打印 ABS 材料

资料来源：华融证券市场研究部。

2. 成本

ABS 塑料由石油提炼而来，2 千克的石油可生产 1 千克的 ABS 塑料。2012 年数据显示进口类 ABS 丝约每千克 2200 元，国产 ABS 丝约每千克 300元。近年来 ABS 打印材料的价格有所下降。

3. 实际应用

用 ABS 材料打印的儿童玩具如图 3−8 中左图所示。右图为 ABS 材料打印出的工艺品。

图 3−8　ABS 材料打印应用

资料来源：华融证券市场研究部。

3.4.2.2　PC 材料

1. 特点和应用领域

PC 材料是一种热塑性材料，材料特性为高强度、耐高温、抗冲击、抗弯曲，可以作为最终零部件使用。PC 材料的强度比 ABS 高出 60% 左右，具备超强的工程材料属性。缺点是 PC 材料的颜色比较单一，只有白色[1]。目前 PC 材料已经广泛应用于电子消费品、家电、汽车制造、航空航天、医疗器械等领域。

图 3−9　3D 打印 PC 材料

资料来源：3D 打印材料的发展现状（1），华融证券。

---

① 陈松松. 3D 打印材料详细资料［EB/OL］. 百度文库.

2. 成本

国内的 3D 打印 PC 耗材主要有 1. 75 毫米和 3 毫米两种型号，价格约为每千克 20 ～ 100 元。

3. 实际应用

图 3－10 为 PC 材料 3D 打印而成的零件。

图 3－10 PC 材料打印应用

资料来源：华融证券市场研究部。

3.4.2.3 PLA 材料

1. 特点和应用领域

PLA（Poly Lactic Acid），即聚乳酸，呈半透明色和光泽质感，是一种环境友好型塑料，其生产原料为可再生资源玉米淀粉和甘蔗，使用后可被自然界中微生物完全降解为二氧化碳和水，不造成环境污染。同时，PLA 材料具有极低的收缩率，可以避免模型的翘曲变形，实现其他材料难以打印的形状，包括较大的打印尺寸。但 PLA 材料的缺陷在于它不能抵抗温度变化。当温度超过 50℃（或 122°F）时会发生变形，这也制约了其在 3D 打印领域的发展。

台湾工业技术研究院（Industrial Technology Research Institute, ITRI）研制了一种 PLA 混合物，其抵抗温度能达到 100℃（或 212°F），这一性能或许能提高 PLA 打印部件的精度。

聚乳酸（PLA）材料具有良好的机械性能和物理性能，适用于吹塑、热塑等各种加工方法，加工方便，应用广泛。目前，聚乳酸已经广泛应用于汽车、电子、医疗等领域[①]。

---

① 中证网．聚乳酸：3D＋环保新看点［EB/OL］．http：//www. cs. com. cn/gppd/zzyj/201303/t20130328_ 3924242. html.

图 3 - 11　3D 打印 PLA 材料

资料来源：华融证券市场研究部。

2. 成本

目前，提供给消费级桌面 3D 打印机使用的 PLA 塑料丝材每千克售价约为 100 ~ 300 元，质量较差的材料批发价也将近每千克 60 元。

3. 实际应用

图 3 - 12 中左图和右图分别为 3D 打印的 PLA 螺栓和螺母及 PLA 柠檬榨汁机推杆。

图 3 - 12　PLA 材料 3D 打印应用

资料来源：华融证券市场研究部。

3.4.3　光敏树脂

光敏树脂即 UV（Ultrviolet Rays）树脂，一般为液态，在一定波长的紫外光（250～300 纳米）照射下能立刻引起聚合反应完成固化，可用于制作高强度、耐高温、防水材料。目前，研究光敏材料 3D 打印技术的主要有美国 3D Systems 公司和以色列 Object 公司。常见的光敏树脂有 Somos Next 材料、树脂 Somos 11122 材料、Somos 19120 材料和环氧树脂。

3.4.3.1　Somos11122 材料

1. 特点和应用领域

Somos 11122 材料具有良好的防水性和尺寸稳定性，能提供多种类似工程塑料的特性，包括 ABS 和 PBT，因此，适用于汽车、医疗、电子类消费、透镜、包装、流体分析、RTV 翻模、耐用的概念模型、风洞试验、快速铸造等领域。

2. 成本

目前市场上 Somos 11122 材料的价位约为 800～880 元/千克。

3. 实际应用

图 3-13 为用 Somos 11122 材料打印出来的模型。

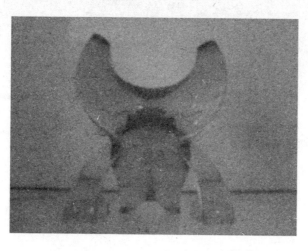

图 3-13　Somos 11122 材料 3D 打印应用

资料来源：陈松松，3D 打印材料详细资料，华融证券。

3.4.3.2 环氧树脂

1. 特点和应用领域

环氧树脂是一种激光快速成型树脂，含灰量极低（800℃时的残留含灰量 <0.01%），可用于熔融石英和氧化铝高温型壳体系，而且不含重金属锑，可用于制造极其精密的快速铸造型模。主要应用于汽车、家电、电子消费品等领域。

2. 成本

目前市场上环氧树脂材料的价位与 Somos 11122 基本一致，约为 800~880 元/千克。

3. 实际应用

左图为环氧树脂打印出的零件，右图为汽车模型打印成品。DrivAer 是奥迪 A4 和宝马 3 系列的插值模型，是一款长 120 厘米，宽 45 厘米，高 40 厘米的真实模型。这款模型在慕尼黑工业大学的电脑完成设计，然后由 3D 打印机使用环氧树脂和石膏打印①。

图 3 - 14   环氧树脂材料 3D 打印应用

资料来源：陈松松，3D 打印材料详细资料，互联网，华融证券。

---

① 筑梦创造.3D 打印的车模 DrivAer：汽车空气循环技术研究迈出了关键一步.［EB/OL］. http://www.mongcz.com/archives/235.

3.4.4　陶瓷

陶瓷材料具有高强度、高硬度、耐高温、低密度、化学稳定性好、耐腐蚀等优异特性，在航空航天、汽车、生物等行业有着广泛的应用。但陶瓷材料的缺点为硬而脆，导致其加工成型困难，模具加工成本高、开发周期长，难以满足产品不断更新的需求。3D 打印用的陶瓷粉末是陶瓷粉末和某一种黏结剂粉末所组成的混合物。目前，陶瓷直接快速成型工艺尚未成熟，国内外正处于研究阶段，还没有实现商品化。

硅酸铝陶瓷粉末能够用于 3D 打印陶瓷产品。3D 打印的该陶瓷制品不透水、耐热（可达 600℃）、可回收、无毒，但其强度不高，可作为理想的炊具、餐具（杯、碗、盘子、蛋杯和杯垫）和烛台、瓷砖、花瓶、艺术品等家居装饰材料。

英国布里斯托的西英格兰大学（UWE）的研究人员开发出了一种改进型的 3D 打印陶瓷技术，该技术可用于定制陶瓷餐具，如漂亮的茶杯和复杂的装饰物（图 3‒15）。

图 3‒15　陶瓷材料 3D 打印应用

资料来源：华融证券市场研究部。

3.4.5　其他 3D 打印材料

除了上面介绍的 3D 打印材料外，目前彩色石膏材料、人造骨粉、细胞生物原料以及砂糖等材料也越来越多地应用到 3D 打印中。

3.4.5.1 彩色石膏材料

彩色石膏材料是基于石膏的一种全彩色的 3D 打印材料，具有易碎、坚固、色彩清晰的特点。其成型原理为粉末介质上逐层打印，故而处理完的 3D 打印成品表面可能出现细微的颗粒效果，外观类似岩石，曲面表面则可能出现细微的年轮状纹理。目前彩色石膏材料多应用于动漫玩偶、建筑等领域。

目前市场价位约在 35 ~ 40 元/千克。

图 3 - 16 为彩色石膏材料打印出的模型。

图 3 - 16　石膏材料 3D 打印应用

资料来源：华融证券市场研究部。

3.4.5.2 生物材料

3D 打印技术应用于医学领域，可用于制造药物、人工器官等。加拿大目前正在研发"骨骼打印机"，利用类似喷墨打印机的技术，将人造骨粉转变成精密的骨骼组织。打印机会在骨粉制作的薄膜上喷洒一种酸性药剂，使薄膜变得更坚硬。

美国宾夕法尼亚大学已经成功利用 3D 打印技术打印出鲜肉。首先在实验室培养细胞介质，生成类似鲜肉的代替物质，以水基溶胶为粘合剂，再配合特殊的糖分子制成。除此之外，还有利用人体细胞制作的生物墨水，以及生物纸等尚处于概念发展阶段，通过计算机控制，生物墨水喷到生物纸上，最终形成各种人工器官。

图 3 - 17 为 Organovo 公司利用 3D 打印技术制作的肝细胞。

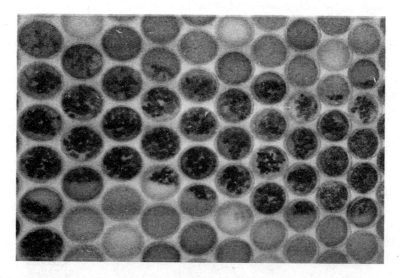

图 3 - 17　生物材料 3D 打印应用

资料来源：华融证券市场研究部。

3.4.5.3　食品材料

食品材料方面，目前，3D 食品打印机主要有 3D Systems 在 CES2014 展出的 ChefJet 和 ChefJet Pro 两款，以及巴塞罗那 Natural Machines 公司推出的一款消费级的 Foodini 3D 食品打印机[①]。

ChefJet 系列打印机主要使用糖作为打印材料，Foodini 3D 食品打印机则可以打印出糕点、肉饼、巧克力等食品。3D 食品打印机在使用时，首先要将准备好的食材原料搅拌成泥状；其次通过喷头将泥状食材按预先设定好的形状及图案喷出，或在模具中喷压成型；最后将成型的食材放入烤箱进行烘烤即可。由于成型图案可预先在设备中进行设定，因此可打印出较多形状可爱的图案，不足是成型表面略显粗糙。图 3 - 18 为巧克力打印机打印出来的巧克力。

---

① 数字化企业网. 食品 3D 打印的发展及挑战［EB/OL］. http：//articles. e - works. net. cn/3dp/ Article123508_ 1. html.

图 3–18　生物材料 3D 打印应用

资料来源：华融证券市场研究部。

3.5　3D 打印材料市场分析

3.5.1　产业链定位

　　3D 打印产业链的上中下游构成如图 3–19 所示。目前产业链上游的精密机械、信息技术、数控技术、材料科学和激光技术的核心技术大多由外国公司掌握。我国企业规模普遍较小，具有高校背景的 3D 打印企业大都专注于产业链的中游。从行业容量来看，未来 3D 打印行业上游材料和下游服务的潜在空间巨大①。

---

　　①　中国经济网．听专家解析 3D 打印产业链［EB/OL］．http：//www.ce.cn/xwzx/gnsz/gdxw/201502/02/t20150202_4487756.shtml.

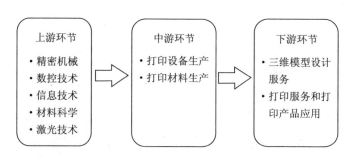

图 3 - 19　3D 打印的产业链结构

资料来源：华融证券市场研究部。

当前 3D 打印领域主要业务包括设备制造、打印材料和打印服务三类。目前 3D 打印成本较高，主要源于较高水平的设备和材料成本。以金属 3D 打印为例，根据匡算，在总的成本构成中，设备成本约占到总制造成本的 3/4，耗材成本以及后期处理成本分别占比为 11% 和 7%①。以金属材料为例，常用的金属材料包括钛粉、铝合金粉和不锈钢粉。与普通金属材料比，这些材料成本要高出 10 倍左右。例如，德国的 EOS 公司能生产出有限的几种金属粉末，如不锈钢粉、铝硅粉、钛合金粉，但价格是传统粉体的 10 ~ 20 倍。目前，3D 打印用钛粉成本约 180 万元/吨，而航空用钛材价格约为 20 万元/吨②。

3.5.2　全球市场

根据 Wohlers Associates 的统计，2014 年全球所有 3D 打印系统消费的材料产值约为 6.4 亿美元，相比 2013 年增长了 29.5%。该统计包含了液态树脂、粉末、丝、片材等不同形态的材料。

---

①　中商情报网. 全球 3D 打印产业链全面分析报告汇总 ［EB/OL］. http：//www. askci. com/news/chanye/2014/09/10/16827wlaa. shtml.

②　OFweek. 未来 3D 打印材料领域的发展趋势 ［EB/OL］. http：//www. epenma. com/news/html/Market/9599. html.

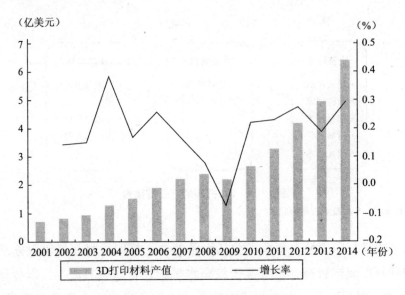

图3-20　全球3D打印材料产值

资料来源：华融证券市场研究部。

其中，在3D打印领域应用最为成熟和广泛的感光树脂在2014年全球产值约为2.984亿美元，占所有3D打印材料的46.625%。相比2013年，增长

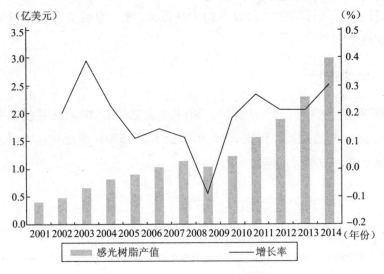

图3-21　全球感光树脂产值情况

资料来源：华融证券市场研究部。

率达到 21.1%。其中，3D Systems、Stratasys、DSM Somos、Envisiontec 和 CMET 是全球主要的感光树脂销售商。

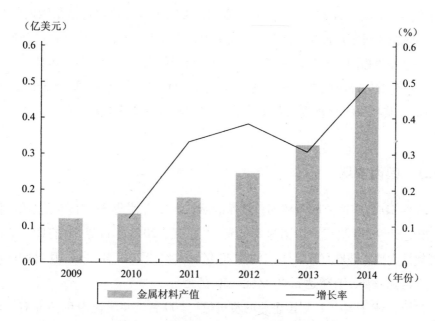

（亿美元）
（%）

图 3‑22　全球 3D 打印金属材料产值情况

资料来源：华融证券市场研究部。

2014 年全球 3D 打印金属材料产值约为 4870 万美元，相比 2013 年增长率达到 49.4%。金属材料也是近年来的关注热点。

总的来看，3D 打印材料主要分为非金属耗材（塑料、树脂等）和金属耗材两类。高工产业研究院（GGII）统计数据显示，3D 打印金属耗材在 2009—2012 年的销售收入年均增速为 27.5%，2012 年达到 2500 万美元的产值规模，2015 年其市场规模有望达到 7000 万美元。塑料耗材则包括 ABS、PVC、尼龙、环氧树脂等诸多种类，其中光敏高分子聚合材料作为塑料耗材的主力，未来三年仍将保持增速逐年提升的态势，2015 年市场规模有望达到 6.1 亿美元[①]。

① 中国 3D 打印门户网站. 国产 3D 打印耗材突围战〔EB/OL〕. http：//www.3djishu.com.cn/3Djishuwen zhang/show. php？itemid = 19.

随着个人级设备的普及，塑料类的 ABS 和 PLA 占到所有使用量的 77%。由于 3D 打印对粉末耗材的粒度分布、松装密度、氧含量要求非常高，全球的耗材市场几乎被美国垄断①。以 ABS 为例，美国进口的耗材价格是国内的 30 倍。同时由于每家厂商生产 3D 打印设备的技术和工艺不同，故而对设备耗材的要求也不尽相同。有些设备兼容性不强，只能使用某一种耗材，因此一般来说，会把耗材与打印机进行捆绑销售。如国际两大 3D 打印公司 3D Systems 和 Stratasys，其耗材的营业收入基本占公司整体收入的 1/3，但毛利率最高，在 60 ~ 70%。

3.5.3 国内市场

世界 3D 打印产业联盟秘书长罗军表示，2012 年世界 3D 打印行业的产值是 120 亿元 ~ 130 亿元，中国为 8 亿元 ~ 9 亿元；2013 年世界 3D 打印行业的市场规模大概在 200 亿元，中国约为 20 亿元。预计 2014 年中国 3D 打印的产值可以再翻一番，有望达到 40 亿元 ~ 50 亿元②。

目前，3D 打印机在中国企业的装机量约 500 台，年增速为 60% 左右。即使这样，目前的市场规模也仅为 1 亿元/年左右。而 3D 打印用材料的研发和生产潜在需求规模已近 10 亿元/年，随着设备工艺的普及和进步，规模还将迅速增长③。

目前，国内 3D 打印材料技术工艺水平相对滞后，国产 3D 打印装备性能以及稳定性与世界先进水平还有一定差距。激光器、软件、材料等部分核心技术还依赖进口。在某些金属材料（铝、钛等）方面，国内与国外的差距相对较小，是最有希望实现进口替代的。

---

① 光大证券.3D 打印：新蓝海，寻找新蓝筹.
② 中证网.预计 2014 年中国 3D 打印产值翻一番　有望达 40 ~ 50 亿元［EB/OL］. http://news. xinhuanet. com/fortune/2014 – 06/23/c_ 126656714. html.
③ 中国行业研究网.3D 打印用特种粉体材料产业发展现状与趋势［EB/OL］. http://www. chinairn. com/news/20140127/153131576. html.

　　而我国也已经颁发相关政策鼓励支持 3D 打印行业发展。工信部、财政部等于 2015 年 2 月 28 日印发《国家增材制造产业发展推进计划（2015—2016年)》，提出到 2016 年，初步建立较为完善的增材制造产业体系，产业销售收入实现快速增长，年均增长速度 30% 以上，整体技术水平与国际同步。同时，推进计划中写明，将着力突破增材制造专用材料：到 2016 年，基本实现钛合金、高强钢、部分耐高温高强度工程塑料等专用材料的自主生产，满足产业发展和应用的需求。

表 3-6　增材制造专用材料发展计划

类别	材料名称	应用领域
金属增材制造专用材料	细粒径球形钛合金粉末（粒度 20 微米～30微米）、高强钢、高温合金等	航空航天等领域高性能、难加工零部件与模具的直接制造
非金属增材制造专用材料	光敏树脂、高性能陶瓷、碳纤维增强尼龙复合材料（200℃以上）、彩色柔性塑料以及PC-ABS 材料等耐高温高强度工程塑料	航空航天、汽车发动机等铸造用模具开发及功能零部件制造；工业产品原型制造及创新创意产品生产
医用增材制造专用材料	胶原、壳聚糖等天然医用材料；聚乳酸、聚乙醇酸、聚醚醚酮等人工合成高分子材料；羟基磷灰石等生物活性陶瓷材料；钴镍合金等医药金属材料	仿生组织修复、个性化组织、功能性组织及器官等精细医疗制造

资料来源：《国家增材制造产业发展推进计划（2015—2016 年)》，华融证券。

3.5.4　国内 3D 打印材料相关企业

　　国内目前 3D 打印生产商主要为非上市企业，主要有北京太尔时代、北京隆源、湖南华曙高科、陕西恒通以及上海联泰科技等厂商，而上市公司主要涉足 3D 打印材料、打印系统重要零部件、打印整机、工业用品打印订单以及消费级打印门店等部分领域。此外，我国科研机构是 3D 打印产业研究发展的中流砥柱。

　　国内主要的 3D 打印材料 A 股上市公司及业务情况如表 3-7 所示。

表 3 - 7　我国 3D 打印材料 A 股上市公司情况

类型	公司	代码	业务亮点	材料类型
材料类	银邦股份	300337	参股飞尔康，持股45%	钛合金粉末、3D 打印构件及热等静压成型构件
	北矿磁材	600980	磁粉外销日本	高性能永磁材料（黏结铁氧体、烧结铁氧体为主）
	深圳惠程	002168	高性能聚酰亚胺 3D 打印耗材研发项目获 150 万元专项补助资金	高性能聚酰亚胺 3D 打印耗材，目标开发一种或多种耐高温 PI - 3D 打印耗材，未来应用于高档玩具、高端汽车、飞机制造和尖端武器配件等领域
	亚太科技	002540	与 DM3D 合作	设备、成品、机械零部件修复
	金钼股份	601958	细颗粒球形金属粉末生产技术	金属粉末
	国瓷材料	300285	拟与佛山康立泰在山东省东营市共同合资设立"山东国瓷康立泰新材料科技有限公司"	陶瓷色釉料、陶瓷墨水、3D 打印材料的研发及产业化
	宏昌电子	603002	国内领先的电子级环氧树脂专业生产厂商之一	环氧树脂
	银禧科技	300221	史玉升团队	复合材料研发
	钢研高纳	300034	国家级纳米标准	3D 打印制粉，高温合金
	宝钛股份	600456	王华明团队	设备、材料、服务

资料来源：华融证券市场研究部。

3.6　3D 打印材料发展展望

3.6.1　目前 3D 打印材料存在的问题

除了技术问题外，材料问题是 3D 打印遇到的最大瓶颈。目前，我国的 3D 打印材料发展还存在以下问题①，亟待改进：

（1）3D 打印材料供给不足。目前国内企业尚不具备完备的生产 3D 打印

---

① 曾昆．我国 3D 打印材料之殇及应对之道［J］．资源再生，2014（9）：25 - 27.

材料能力，大部分仍依赖进口，尤其是金属粉末材料。此外，我国 3D 打印材料质量不稳定、品种较为单一，与美国、德国等技术较为先进的国家相比还存在一定差距。

（2）材料成本高昂。这是国际上较为普遍的问题。目前大部分国外 3D 打印厂商采取设备和材料捆绑销售的策略，提高了粉末材料的价格。

（3）3D 打印材料的产业化应用仍不充分。目前国内的 3D 打印产业还处于发展初期阶段，大部分 3D 打印材料由厂家直接提供，第三方供应通用材料的模式还没有形成。

（4）缺少 3D 打印材料方面的实施标准。3D 打印材料多为小批量、个性化生产，但我国还没有建立完整的行业标准，包括对粉末材料的粒度分布、松装密度、氧含量、流动性等参数的要求，对生产企业和下游客户的生产和使用造成困难。

3.6.2　打印材料发展进展

近年来，越来越多的新材料在 3D 打印领域得到应用。例如，3D Systems 公司在其 ProJet 5500X 材料喷射系统中引进了 VisiJet elastomer 光敏树脂材料，同时在 ProJet 1200 系统中增添了多种新的 VisiJet 树脂[①]。FTX Cast 是一种适用于首饰铸造的蜡—树脂混合物。其中 FTX 金色和银色可用于珠宝展示模型，另外还有灰色和透明两种颜色。

Envisiontec 增加了两种新材料。Ortho Tough 3SP 是一种耐用材料，适用于矫正模型制造。E - appliance 是一种白色、纳米填充树脂，同样适用于矫正模型的制作。

牛津性能材料公司（OPM）新添了两种 PEKK 激光烧结粉末，适用于航空航天和工业级应用。其中一种石墨打印材料是填充碳、灵活，类似于聚丙烯的激光烧结粉末。而钻石塑料 GmbH 则为聚丙烯和高密度聚乙烯的复合材料。该公司称这两种材料均为 100% 可回收。

---

① Wohlers Report 2015.

3.6.3 3D 打印材料未来展望

3D 打印技术对原材料的要求较为苛刻，如激光工艺要求所选材料要以粉末或者丝棒形态供应。未来，3D 打印材料追求的目标仍将是：

（1）更多种类材料的研发和应用；

（2）材料性能与工艺良好匹配；

（3）实现更高的制备精度和更低的成本；

（4）特种材料的开发，实现不同细分领域的应用。

从行业发展的角度来看，整个 3D 打印产业链都存在巨大的潜在发展空间。就打印材料而言，在生产水平和技术标准不断发展和推广的基础上，专业化的材料供应企业的发展是大势所趋。从个人消费到工业制造，无论是哪个领域引来快速增长，对于耗材的需求都必不可少。

未来，更多样化的 3D 打印材料将会面世。如智能材料、功能梯度材料、纳米材料、非均质材料及复合材料等，特别是金属材料直接成型技术。

从我国 3D 打印材料的发展来看，国内的材料供应形势不容乐观。未来3D 打印材料的国产化将是大势所趋。针对国内的打印材料短板，我国应该完善 3D 打印材料的相关标准的建立，加大对材料研发和产业化的技术和资金支持。

第4章
3D 打印技术篇

4.1 3D 打印技术路线概述

3D 打印（3D Printing, 3DP）又称为增材制造（Additive Manufacturing, AM）或快速原型制造（Rapid Prototyping Manufacturing, RPM），是在计算机控制下，以数字模型文件为基础，通过逐层打印的方式来构造实际产品的技术。打印过程主要包括：三维建模、模型切片、逐层打印。

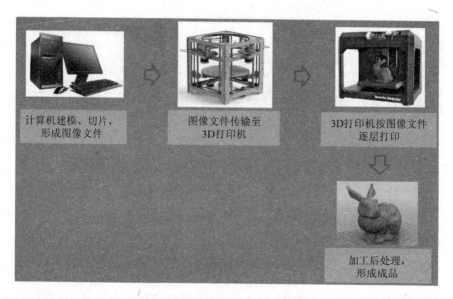

计算机建模、切片，
形成图像文件

图像文件传输至
3D打印机

3D打印机按图像文件
逐层打印

加工后处理，
形成成品

图 4-1　3D 打印基本工作流程

资料来源：华融证券市场研究部。

3D 打印技术从诞生至今 30 余年，目前处于多技术路线共存的状态。根据所用耗材形态和成型原理的差异，目前主流的3D打印技术大致可分为挤出熔融成型、粒状物料成型、光聚合成型等三种类型。每个类型按成型技术的不同，又演化出多个种类。其中，熔融层积（FDM）属于挤出熔融成型类；粒状物料成型类包括直接金属激光烧结（DMLS）、电子束熔融（EBM）、选择性激光烧结（SLS）、选择性热烧结（SHS）、选择性激光熔化成型（SLM）；光聚合成型类则包括光固化成型（SLA）、数字光处理（DLP）、聚合物喷射（PI）。

随着技术发展和市场需求不断提高，典型3D打印技术衍生出了一些新的技术，如石膏3D打印（PP）、分层实体制造（LOM）、三维打印（3DP）、电子束自由成型制造（EBF）、激光净形制造（LENS）等。

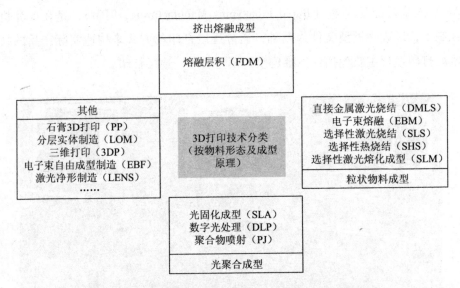

图4-2　3D打印技术分类（基于物料形态和成型原理）
资料来源：华融证券市场研究部。

按打印耗材种类的不同，3D打印技术又可分为非金属3D打印技术和金属3D打印技术。其中，FDM、SLA、DLP、3DP等属于非金属3D打印技术；SLM、DMLS、EBM等属于金属材料3D打印技术。

4.2　挤出熔融成型类

4.2.1　熔融沉积成型（FDM）

4.2.1.1　FDM 发展历程

熔融沉积成型（FDM，Fused Deposition Modeling）是 20 世纪 80 年代末，由美国 Stratasys 公司发明的技术，是继光固化快速成型（SLA）和叠层实体快速成型工艺（LOM）后的另一种应用比较广泛的 3D 打印技术路径。1992 年，Stratasys 公司推出了世界上第一台基于 FDM 技术的 3D 打印机——"3D 造型者（3D Modeler）"，这也标志着 FDM 技术步入商用阶段。由于 FDM 工艺不需要激光系统支持，成型材料多为 ABS、PLA 等热塑性材料，因此性价比较高，是桌面级 3D 打印机广泛采用的技术路径。

国内方面，对于 FDM 技术的研究最早在包括清华大学、西安交大、华中科大等几所高校进行，其中清华大学下属的企业于 2000 年推出了基于 FDM 技术的商用 3D 打印机，近年来也涌现出北京太尔时代、杭州先临三维等多家将 3D 打印机技术商业化的企业。

2009 年 FDM 关键技术专利过期，各种基于 FDM 的 3D 打印公司开始大量出现，行业也迎来了快速发展期，相关设备的成本和售价也大幅降低，数据显示，专利到期之后桌面级 FDM 打印机从超过 1 万美元下降至几百美元，销售数量也从几千台上升至几万台。

4.2.1.2　FDM 工艺原理

FDM 的工作原理是将丝状原料通过送丝机送入热熔喷头，然后在喷头内加热融化，在电脑控制下喷头沿着零件截面轮廓和填充轨迹运动，将半流动状态的材料送到指定位置并最终凝固，同时与周围材料黏结，选择性地逐层熔化与覆盖，最终形成成品。过程主要包括设计三维模型、三维模型近似处理、STL 文件的分层处理、造型及后处理。

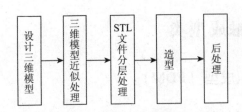

图 4−3　FDM 成型过程

资料来源：华融证券市场研究部。

一套完整的 FDM 制造系统包括硬件系统、软件系统，硬件系统主要指 3D 打印机本身，一台利用 FDM 技术的 3D 打印机包括工作平台、送丝装置、加热喷头、储丝设备和控制设备五大部分。

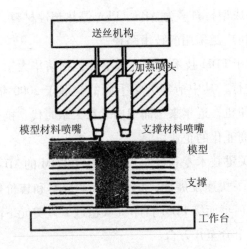

图 4−4　FDM 工艺原理

资料来源：华融证券市场研究部。

图 4 - 5　某型号 3D 打印机正面

资料来源：华融证券市场研究部。

图 4 - 6　某型号 3D 打印机背面

资料来源：华融证券市场研究部。

　　软件系统是指设计人员利用 CAD 软件进行拟打印产品的三维图形绘制，或者利用 3D 扫描仪将拟打印产品的数据输入电脑，最后以 STL 格式输出原型的几何信息。信息处理单元由 STL 文件处理、工艺处理、数控、图形显示等模块组成，分别完成对 STL 文件错误数据检验与修复、层片文件生成、填充线计算、数控代码生成和对原型机的控制。其中，工艺处理模块根据 STL 文件判断制作成型过程是否需要支撑，如需要支撑则进行支撑结构设计，并以 CLI 格式输出产生分层 CLI 文件。

4.2.1.3 FDM 路径相关材料

材料是 3D 打印技术的关键所在，对于 FDM 来说也不例外，FDM 系统的材料主要包括成型材料和支撑材料。成型材料主要为热塑性材料，包括 ABS、PLA、人造橡胶、石蜡等；支撑材料目前主要为水溶性材料。

1. 成型材料

成型材料是利用 FDM 技术实现 3D 打印的载体，对其黏度、熔融温度、黏结性、收缩率等方面均有较高要求，具体如表 4-1 所示。

表 4-1　FDM 技术对成型材料的要求

性能	具体要求	原因
黏度	低	材料的黏度低、流动性好，阻力就小，有助于材料顺利挤出。材料的流动性差，需要很大的送丝压力才能挤出，会增加喷头的启停响应时间，从而影响成型精度
熔融温度	低	熔融温度低可以使材料在较低温度下挤出，有利于提高喷头和整个机械系统的寿命。可以减少材料在挤出前后的温差，减少热应力，从而提高原型的精度
黏结性	高	FDM 工艺是基于分层制造的一种工艺，层与层之间往往是零件强度最薄弱的地方，黏结性的好坏决定了零件成型以后的强度。黏结性过低，有时在成型过程中因热应力会造成层与层之间的开裂
收缩率	小	喷头内部需要保持一定的压力才能将材料顺利挤出，挤出后材料丝一般会发生一定程度的膨胀。如果材料收缩率对压力比较敏感，会造成喷头挤出的材料丝直径与喷嘴的名义直径相差太大，影响材料的成型精度。FDM 成型材料的收缩率对温度不能太敏感，否则会产生零件翘曲、开裂

数据来源：华融证券市场研究部。

总结起来，FDM 对成型材料的具体要求是熔融温度低、黏度低、黏结性高、收缩率小。

根据上述特性，目前市场上主要的 FDM 成型材料包括 ABS、PC、PP、PLA、合成橡胶等。

（1）ABS 材料。ABS 是丙烯腈－丁二烯－苯乙烯共聚物，为五大合成树脂之一，具有抗冲击性、耐热性、耐低温性、耐化学药品性及电气性能优良的特点，还具有易加工、制品尺寸稳定、表面光泽性好等特点，容易涂装、着色，还可以进行表面喷镀金属、电镀、焊接、热压和粘接等二次加工，广泛应用于机械、汽车、电子电器、仪器仪表、纺织和建筑等工业领域，是一种用途极广的热塑性工程塑料。

作为一种用途广泛的合成树脂，ABS 价格主要影响因素为国际原油价格。近期国际原油价格持续低迷，ABS 价格也出现下跌。2015 年以来 ABS 均价为12451 元/吨，较 2015 年均价下跌 14%，我们预计短期内 ABS 价格很难出现上涨，从历年的情况看，ABS 均价在 15000 元/吨左右。

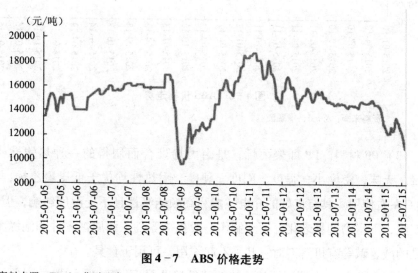

图 4－7　ABS 价格走势

资料来源：Wind，华融证券。

（2）PC 材料。PC 即聚碳酸酯，是分子链中含有碳酸酯基的高分子聚合物，根据酯基的结构可分为脂肪族、芳香族、脂肪族-芳香族等多种类型，具有高弹性系数、高冲击强度、使用温度范围广、高度透明性及自由染色性、成形收缩率低、尺寸安定性良好、耐疲劳性佳、耐候性佳、电气特性优、无味无臭对人体无害符合卫生安全等特点，可用于光盘、汽车、办公设备、箱体、包装、医药、照明、薄膜等多个领域。

随着产能的不断扩增，PC价格近年来总体上呈下跌趋势，2015年以来，由于下游需求的回暖，PC均价为19250元/吨，较上年同期上涨8%左右，从近年来的情况看，2010年以来PC均价为19650元/吨。

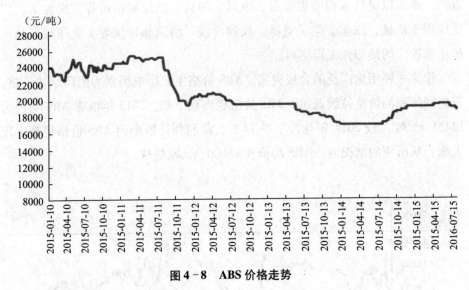

图4-8　ABS价格走势

资料来源：Wind、华融证券。

（3）PP材料。PP即聚丙烯，是由丙烯聚合而制得的一种热塑性树脂，无毒、无味，密度小，强度、刚度、硬度、耐热性均优于低压聚乙烯，可在100℃左右使用。具有良好的介电性能和高频绝缘性且不受湿度影响，但低温时变脆，不耐磨，易老化。适于制作一般机械零件、耐腐蚀零件和绝缘零件。常见的酸、碱等有机溶剂对它几乎不起作用，可用于食具。

2015年以来，在国际原油价格持续低迷背景下，PP失去成本支撑，价格有所下滑，2015年以来均价为10196元/吨，较2014年均价下跌14%，统计显示，2006年以来PP均价为12120元/吨。

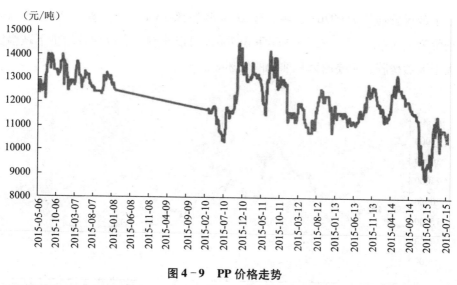

（元/吨）

图 4 - 9　PP 价格走势

资料来源：Wind、华融证券。

（4）PLA 材料。PLA 即聚乳酸，其热稳定性好，有好的抗溶剂性，可用多种方式进行加工，如挤压、纺丝、双轴拉伸、注射吹塑。由聚乳酸制成的产品除能生物降解外，生物相容性、光泽度、透明性、手感和耐热性好，还具有一定的耐菌性、阻燃性和抗紫外线性，因此用途十分广泛，可用作包装材料、纤维和非织造物等，目前主要用于服装产业和医疗卫生等领域。

目前我们可查的数据库中暂无聚乳酸的价格，通过阿里巴巴查询各厂家的报价，目前 PLA 的均价在 21000 元/吨左右，其价格高于 ABS、PC、PP 等石化路径工程塑料，原因是聚乳酸原料来自玉米等农作物生物发酵，成本相对较高，也因为如此，其环境友好程度较高。

（5）合成橡胶材料。为了区别于天然橡胶，统一将用化学方法人工合成的橡胶称为合成橡胶，能够有效弥补天然橡胶产量不足的问题。合成橡胶一般在性能上不如天然橡胶全面，但它具有高弹性、绝缘性、气密性、耐油、耐高温或低温等性能，因而广泛应用于工农业、国防、交通及日常生活中。

合成橡胶价格主要受两方面因素影响，一是国际原油价格走势；二是天然橡胶价格走势。从总体上看，合成橡胶价格受天然橡胶价格走势驱动，由于合成橡胶技术较为成熟，价格较天然橡胶低。2015 年以来，合成橡胶之一的丁苯橡胶均价为 9976 元/吨，较 2014 年下跌 18%；天然橡胶 2015 年以来均价为 13330 元/吨，较 2014 年下跌 7%。可以看到，合成橡胶均价下跌幅度大于天然橡胶，主要原因是油价的低迷。

图 4-10 丁苯橡胶价格走势

资料来源：Wind、华融证券。

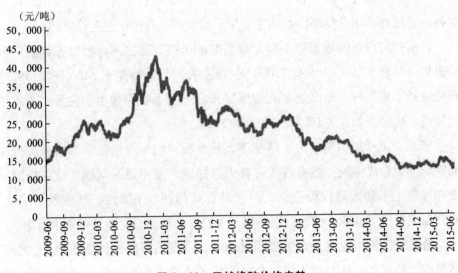

图 4-11 天然橡胶价格走势

资料来源：Wind、华融证券。

2. 支撑材料

支撑材料，顾名思义是在 3D 打印过程中对成型材料起到支撑作用的部分。在打印完成后，支撑材料需要进行剥离，因此也要求其具有一定的性能。目前采用的支撑材料一般为水溶性材料，即在水中能够溶解，方便剥离。具体特性要求如表 4 - 2 所示。

表 4 - 2　FDM 技术对成型材料的要求

性能	具体要求	原因
耐温性	耐高温	由于支撑材料要与成型材料在支撑面上接触，所以支撑材料必须能够承受成型材料的高温，在此温度下不会分解与融化
与成型材料的亲和性	与成型材料不浸润	支撑材料是加工中采取的辅助手段，在加工完毕后必须去除，所以支撑材料与成型材料的亲和性不应太好
溶解性	具有水溶性或者酸溶性	对于具有很复杂的内腔、孔等原型，为了便于后处理，可通过支撑材料在某种液体里溶解而去支撑。由于现在 FDM 使用的成型材料一般是 ABS 工程塑料，该材料一般可以溶解在有机溶剂中，所以不能使用有机溶剂，目前已开发出水溶性支撑材料
熔融温度	低	具有较低的熔融温度可以使材料在较低的温度挤出，提高喷头的使用寿命
流动性	高	支撑材料的成型精度要求不高，为了提高机器的扫描速度，要求支撑材料具有很好的流动性，相对而言，黏性可以差一些

资料来源：华融证券。

总起来说，FDM 对支撑材料的具体要求是能够承受一定的高温、与成型材料不浸润、具有水溶性或者酸溶性、具有较低的熔融温度、流动性要好等特点。

4.2.1.4　FDM 的应用

FDM 应用领域包括概念建模、功能性原型制作、制造加工，最终用于零件制造、修整等方面，涉及汽车、医疗、建筑、娱乐、电子等领域。

1. 概念建模

概念建模的应用主要涉及建筑模型、人体工程学研究、市场营销和设计等方面。

（1）建筑模型。计算机模拟在工程设计和建筑领域已经应用了很长一段时间。但是，建筑可视化的传统做法是使用木材或泡沫板制作建筑的等比例模型。这使得建筑师可以看到建筑在实际空间中如何矗立，以及是否存在任何需要改进的问题。而3D打印结合了计算机模拟的精确性和等比例模型的真实性，能够有效降低设计成本和开发时间，同时，通过等比例的模型可以对建筑进行改良，增加安全性和合理性。

（2）人体工程学设计。正确的人体工程学设计对预防受伤以及提高工作效率必不可少。3D打印的模型允许在开发流程期间就对人体工程学性能进行精确的测试。通过3D打印技术，设计人员可以创作出逼真的模型，再现产品每个单独部件的物理特性。在多次测试周期期间可以对材料进行修改，从而实现在将产品全面投入生产前从其人体工程学方面进行优化。

（3）市场营销和设计。利用FDM技术构建的模型可以进行打磨、上漆甚至镀铬，从而达到与新产品最终外观一致的目的。FDM使用生产级的热塑塑料，因此模型可以获得与最终产品一样的耐用性和使用感受。

2. 功能性原型制作

在产品设计初期，可以利用FDM技术快速获得产品原型，而通过FDM技术获得的原型本身具有耐高温、耐化学腐蚀等性能，能够通过原型进行各种性能测试，以改进最终的产品设计参数，大大缩短产品从设计到生产的时间。

3. 制造加工

由于FDM技术可以采用高性能的生产级别材料，可以在很短的时间内制造标准工具，并可进行小批量生产，通过小批量生产可以使用与最终产品相同的流程和材料来创建原型，并在等待最终模具从车间发往各地的同时将新产品上市。

4. 最终用途零件

FDM技术可制造业界最为耐用、稳定、可重复使用的部件。其精度可媲美注塑成形，且能使用多种热塑性材料。通过FDM技术，制造商可以抓住更多小批量制造、定制最终用途零件和工厂自动化的机会。

5. 修整

利用FDM技术，可以直接打印出表面光滑、细节精致的模型，可直接涂上丙烯颜料和上漆处理，同时还可以实现喷砂、黏合、电镀、上漆等处理。

6. FDM 应用案例

（1）丰田公司利用 FDM 技术制作母模。丰田公司采用 FDM 工艺制作右侧镜支架和四个门把手的母模，通过快速模具技术制作产品而取代传统的 CNC 制模方式，使得 2000 Avalon 车型的制造成本显著降低。右侧镜支架模具成本降低 20 万美元，四个门把手模具成本降低 30 万美元。FDM 工艺已经为丰田公司在轿车制造方面节省了 200 万美元。

（2）美国 Mizunos 公司利用 FDM 技术制造新产品母模。Mizuno 是世界上最大的综合性体育用品制造公司，公司计划开发一套新的高尔夫球杆，通常需要 13 个月的时间。FDM 的应用大大缩短了这个过程，设计出的新高尔夫球头用 FDM 制作后，可以迅速得到反馈意见并进行修改，大大加快了造型阶段的设计验证。一旦设计定型，FDM 最后制造出的 ABS 原型就可以作为加工基准在 CNC 机床上进行钢制母模的加工。新的高尔夫球杆整个开发周期在 7 个月内就全部完成，缩短了 40% 的时间。目前，FDM 快速原型技术已成为美国 Mizuno 公司在产品开发过程中起决定性作用的组成部分。

（3）FDM 技术在福特汽车公司中的应用。福特公司常年需要部件的衬板，当部件从一厂到另一厂的运输过程中，衬板用于支撑、缓冲和防护。衬板的前表面根据部件的几何形状而改变。福特公司一年间要使用一系列的衬板，一般地，每种衬板改型要花费上千万美元和 12 周时间来制作必需的模具。新衬板的注塑消失模被联合公司选作生产部件后，部件的蜡靠模采用 FDM 制作，制作周期仅 3 天。其间，必须小心检验蜡靠模的尺寸，测出模具收缩趋向，紧接着从铸造石蜡模翻出 A2 钢模，该处理过程将花费一周时间。模具接着车削外表面，划上修改线和水平线以便机械加工。该模具在模具后部设计成中空区，以减少用钢量，中空区填入化学黏结瓷。仅花 5 周时间和原来成本的一半，而且制作的模具至少可生产 3 万套衬板。采用 FDM 工艺后，福特汽车公司大大缩短了运输部件衬板的制作周期，并显著降低了制作成本。

4.2.1.5 FDM 优点及存在的问题

与其他 3D 打印技术路径相比，FDM 具有自己的特点，具有成本低、原料广泛等优点，同样存在成型精度低、支撑材料难以剥离等缺点，下面做简要分析。

1. 具有的优点

（1）成本低。FDM 技术不采用激光器，设备运营维护成本较低，而其成型材料也多为 ABS、PC 等产用工程塑料，成本同样低廉，因此很多面向个人的桌面级 3D 打印机多采用 FDM 技术路径。

（2）成型材料范围较广。通过上述分析我们知道，ABS、PLA、PC、PP 等热塑性材料均可成为 FDM 路径的成型材料，这些都是常见的工程塑料，易取得，且成本较低。

（3）环境污染较小。在整个过程中只涉及热塑材料的熔融和凝固，且在较为封闭的 3D 打印室内进行，且不涉及高温、高压、有毒有害物质排放，因此环境友好程度较高。

（4）设备、材料体积较小。采用 FDM 路径的 3D 打印机设备体积较小，而耗材也是成卷的丝材，便于搬运，适合于办公室、个人家中等环境。

（5）原料利用率高。没有使用或者使用过程中废弃的成型材料和支撑材料可以进行回收、加工再利用，能够有效提高原料的利用效率。

（6）后处理相对简单。目前采用的支撑材料多为水溶性材料，剥离较为简单，而其他技术路径后处理往往还需要进行固化处理，需要其他辅助设备，FDM 则不需要。

2. 存在的缺点

（1）成型时间较长。由于喷头运动是机械运动，成型过程中速度受到一定的限制，因此一般成型时间较长；不适于制造大型部件。

（2）精度低。与其他 3D 打印路径相比，采用 FDM 路径的成品精度相对较低，表面有明显的纹路。

（3）需要支撑材料。在成型过程中需要加入支撑材料，在打印完成后要进行剥离，对于一些复杂构件来说，剥离存在一定的困难。

3. 与其他 3D 打印技术的对比

与 SLA、LOM、SLS 等成熟 3D 打印技术相比，FDM 具有自己的特点，总体来说，FDM 技术适合对精度要求不高的桌面级 3D 打印机，易于推广，市场空间也较大。

表 4-3　FMD 与其他主流 3D 打印技术对比

指标	SLA	LOM	SLS	FDM
成型速度	较快	快	较慢	较慢
原型精度	高	较高	较低	较低
制造成本	较高	低	较低	较低
复杂程度	复杂	简单	复杂	中等
零件大小	中小件	中大件	中小件	中小件
常用材料	热固性光敏树脂等	纸、金属箔、塑料薄膜等	石蜡、塑料、金属、陶瓷等粉末	石蜡、尼龙、ABS等热塑性材料

资料来源：华融证券。

4.2.1.6　FDM 未来展望

由于在加工过程中不涉及激光技术，整体设备体积较小，耗材获取较为容易，打印成本也相对较低，因此 FDM 技术路径是面向个人的 3D 打印机的首选技术。通过采用 FDM 技术的 3D 打印机，设计人员可以在很短的时间内设计并制作出产品原型，并通过实体对产品原型进行改进。与传统的计算机建模相比，能够真实地将实物展现在设计人员的面前。同时，FDM 技术也可以在各种文娱创意领域中广泛应用，能够满足人们对一些产品的个性化定制服务，随着人民生活水平的提高，这种需求将不断增加。由于 FDM 技术专利已经到期，其大面积推广已经不存在障碍，因此我们预计，采用 FDM 技术路径的 3D 打印机，特别是桌面级 3D 打印机的市场空间将急剧增加。

4.2.1.7　FDM 龙头企业（Stratasys 公司）介绍

Stratasys 公司成立于 1998 年，公司是全球领先的 3D 打印开发公司。公司的 3D 打印技术是通过电脑软件对设计出的产品按三维空间分层切片，由 3D 打印机对塑料等原材料进行层叠式黏合，直接构造形成零件或成品，该产品凝聚了目前全球最热门的科技。Stratasys 公司是由 Stratasys 和 Objet 两个公司合并而成的，专门开发3D技术的打印机公司，后者为一家以色列私人创业型公司。目前 Stratasys 在高速发展的3D打印及数字制造业中处于领导地位。

20世纪80年代，Stratasys 公司创始人 Scott Crump 发明了 FDM 技术，并取得专利；2002年，公司发布了世界上首个3D打印机系列——Dimension系列，这一产品系列大大促进了3D打印技术在各种应用领域的普及，同年，公司开发了能够支持7种不同打印材料的第一款桌面型3D打印机。目前公司拥有超过600项专利技术，售出了超过9万台以上的3D打印机。

2015年一季度报表显示，公司2015年1~3月实现营业收入1.7亿美元，同比增长14.44%，实现净利润 -2.2亿美元，而2014年一季度公司实现盈利409万美元。2009年以来，公司收入持续增长，从2009年的6753万美元增长至2014年的7.5亿美元，主要得益于公司外延式的并购扩张以及3D打印机销售量的增长，但利润方面却不尽如人意。2013年公司出现亏损，当年实现净利润 -2695万美元，2014年亏损增加值 -1.2亿美元，从2015年一季度报表看，亏损幅度进一步增加，我们认为公司亏损的主要原因是随着FDM核心专利的到期，公司产品售价有所下降，为了维持市场占有率，盈利空间受到大幅压缩。

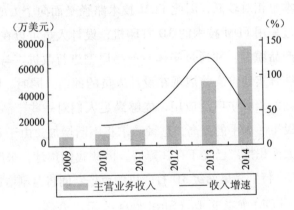

图 4 - 12　Stratasys 公司历年收入情况

资料来源：Wind、华融证券。

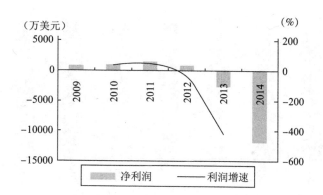

图 4-13　Stratasys 公司历年利润情况

资料来源：Wind、华融证券。

公司收入、利润主要来自产品销售和服务收入两方面，随着 3D 打印技术的不断进步和普及，公司服务收入占比逐年提升，服务收入占比从 2009 年的 16%，提升至 2015 年一季度的 27%；毛利构成变化则更加明显，服务毛利收入占比从 2009 年的 3%，大幅提升至 2015 年一季度的 39%。

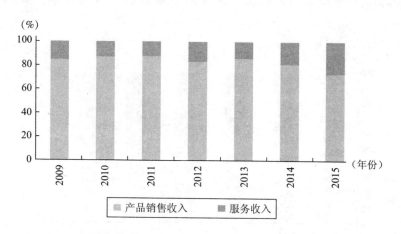

图 4-14　Stratasys 公司收入构成情况

资料来源：Wind、华融证券。

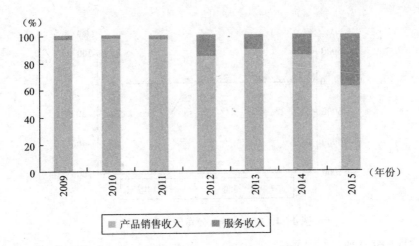

图4-15 Stratasys公司毛利构成情况

资料来源：Wind、华融证券。

收入来源方面，公司开始专注于北美、亚太及欧洲市场，早期收入主要来自欧洲和北美市场，近年来公司在专注于北美市场的同时不断重视亚太市场，从2015年一季报看，北美、亚太两个地区已经成为公司主要的收入来源。

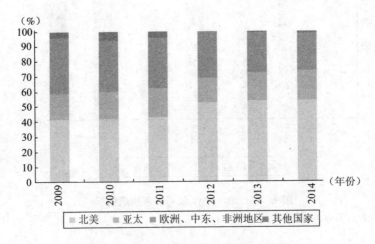

图4-16 公司收入来源分地区变化情况

资料来源：Wind、华融证券。

　　2009 年，北美地区收入为 2829 万美元，2014 年北美地区收入增加至 4 亿美元，2009 年至 2014 年年均复合增长率达到 70%；亚太地区方面，2009 年亚太地区收入为 1164 万美元，2014 年增加至 1.5 亿美元，年均复合增长率为 67%。

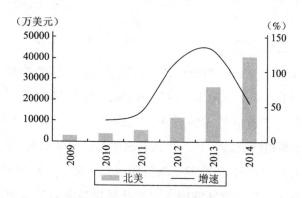

图 4−17　北美地区收入情况

资料来源：Wind、华融证券。

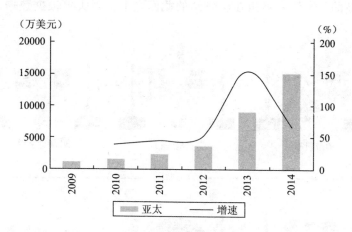

图 4−18　亚太地区收入情况

资料来源：Wind、华融证券。

4.3 粒状物料成型类

4.3.1 三维打印（3DP）

4.3.1.1 工作原理

三维打印（3D Printing，3DP）是一种基于粉末床、喷头和石膏的三维打印技术（Powder bed and inkjet head 3D printing，PP），其工作方式与二维平面打印相似，都利用了喷射打印的技术，二维打印的喷头用于喷射墨水，而3DP的喷头用于喷射液态黏结剂。计算机软件将打印对象的3D数据"切割"为一层层截面的2D数据，传输到三维打印机，三维打印机根据截面的2D数据，控制喷头移动，在铺设好的粉末上方选择性地喷射黏结剂，将相应位置的粉末黏结在一起而形成第一层的截面。然后，活塞使工作台降低一个单位的高度，新的一层粉末铺撒在已黏结的截面之上，喷头再根据数据进行新的

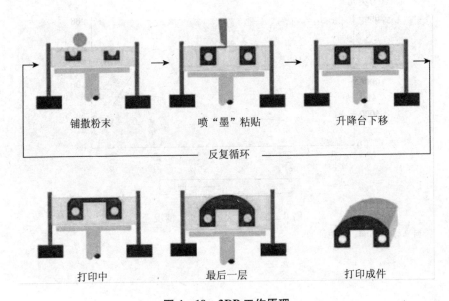

图 4‐19　3DP 工作原理

资料来源：华融证券市场研究部。

一层的喷射打印，与前一层截面黏结，此过程逐层循环直至整个物体成型。由于未黏结的粉末可以起到支撑的作用，3DP 无需额外的支撑结构就可以打印相当复杂的形状。

3DP 技术于 1993 年由麻省理工学院的学者研发，1995 年 Z Corparation 公司获得了排他性的使用许可。3D System 于 2012 年收购了 Z Corporation，继续生产基于 3DP 技术的 3D 打印设备和材料。

4.3.1.2　特点

1. 3DP 的主要优点

（1）打印速度快。3DP 仅有黏结剂是通过喷头喷射，作为支撑材料的粉末全部是通过铺撒的方式放置，因此打印速度比 FDM 快很多。

（2）多打印头同时工作。可以同时打印多个物体，也可以同时打印物体的不同部分，提高了打印速度。

（3）色彩丰富。3DP 是唯一具有 24 位全彩打印能力的打印技术，其着色原理与二维打印相同，通过 C、M、Y、Clear 等 4 种色彩的黏结剂按不同比例的混合而形成多种色彩。

（4）无需额外的支撑结构，可打印几何形状复杂的物体。

2. 3DP 的主要缺点

（1）设备价格相对较高。

（2）生胚强度不高。但是可通过浸渗等后处理工序进行加强。

4.3.1.3　主要厂商和设备情况

3DP 技术的主要厂家为 3D System 公司，公司基本情况介绍可参考下文中光聚合成型部分。

4.3.1.4　应用

由于具有打印速度快、色彩丰富等优点，3DP 可以用于工业设计创意模型、原理样机的制造，建筑、工程和施工中建筑模型的制造，也可以用于地球空间分析、教育、医疗等领域。

图4-20　3DP 应用举例

资料来源：华融证券。

4.3.1.5　材料

3DP 及时为三维粉末黏接，所用的材料主要涉及两方面，一是被黏结的粉末材料，二是黏接用的黏剂，下面分别介绍。

1. 粉末材料

粉末材料主要作为产品的主体部分，根据构成成本不同主要分为陶瓷粉末、金属粉末和塑料粉末等。陶瓷粉末包括矾土、氧化锆等；金属粉末包括铝、钛合金、不锈钢等；塑料粉末则包括 ABS、PLA、PP 等。

2. 黏剂

黏剂的作用是将粉末黏结起来，应该具有与粉末附着后快速黏合、较强的结合力、后处理过程中不被去除等特点。从大类上划分可分为有机黏剂和无机黏剂。

4.3.2　选择性激光烧结（SLS）

4.3.2.1　工作原理

选择性激光烧结（Selective Laser Sintering，SLS）技术的工作过程与 3DP 相似，都是基于粉末床进行的，区别在于 3DP 是用喷射黏结剂来黏结粉末，而 SLS 是利用红外激光烧结粉末。计算机将物体的三维数据转化为一层层截面的 2D 数据并传输给打印机，打印机控制激光在铺设好的粉末上方选择性地对粉末进行照射，激光能量被选区内的粉末吸收并转换为热能，加热到烧结温度的粉末颗粒间接触界面扩大、气孔缩小、致密化程度提高，然后冷却凝固变成致密、坚硬的烧结体，加工成当前层。然后，活塞使工作台降低一个单位的高度，新的一层粉末铺撒在已烧结的当前层之上，设备调入新一层截面的数据进行加工，与前一层截面黏结，此过程逐层循环直至整个物体成型。

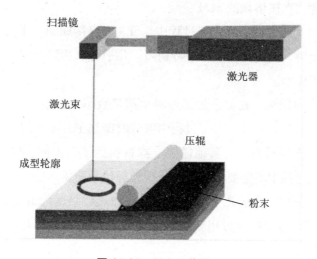

图 4－21　SLS 工作原理

资料来源：华融证券。

SLS 技术在成型金属零件时，主要有以下几种方式：

采用两种以上不同熔点的金属粉末，通过熔化低熔点成分润湿并填充高熔点结构金属粉末颗粒间隙，将结构材料黏结起来烧结成金属零件；

通过激光熔化金属粉末颗粒的外层，而粉末颗粒的内部并没有熔化的方式，将粉末颗粒通过外层烧结黏结在一起；

采用高分子聚合物材料包裹高熔点的金属粉末，激光熔化聚合物材料以将金属粉末黏结起来获得原型件的方式，然后经过焙烧、熔浸低熔点金属液、热等静压等后处理工序进步制件的密度。

SLS 技术最早由德克萨斯大学奥斯汀分校的 Carl Deckard 和 Joe Beaman 开发并取得专利，他们创立了 DTM 公司进行基于 SLS 技术的 3D 打印设备的设计和生产。2001 年，DTM 被 3D System 收购。

4.3.2.2 特点

1. SLS 的主要优点

（1）材料种类广泛。可使用的材料包括尼龙、聚苯乙烯等聚合物，铁、钛、合金等金属、陶瓷、覆膜砂等。

（2）成型效率高。由于 SLS 技术并不完全熔化粉末，而仅是将其烧结，因此制造速度比直接熔化的 SLM 更快。

（3）材料利用率高。在加工过程中，SLS 可直接成型，不需要支撑材料，也不会出现废料，因此材料利用率特别高，几乎可以达到100%，这也在一定程度上降低了成本。

（4）生产周期短。在整个加工过程中都是数字化控制，成型时间也仅为几小时到几十小时，而且在加工过程中可随时做修正，生产周期较短。

（5）无需支撑材料。与其他需要支撑材料的工艺不同，SLS 的工艺特点决定了在加工过程中不需要支撑材料，后处理较为简便。

（6）应用面广。由于几乎可以使用所有加热后黏度降低的粉末材料，因此 SLS 的应用范围较广，可用于制造原型设计模型、模具母模、精铸熔模、铸造型壳和型芯等。

2. SLS 的主要缺点

SLS 成型金属零件的原理是低熔点粉末黏结高熔点粉末，使得制件的孔隙度高，机械性能差，特别是延伸率很低，很少能够直接应用于功能零件的制造上。在烧结过程中会因粉末材料的融化而产生异味，而且由于 SLS 所用的采用差别较大，有时需要比较复杂的辅助工艺，如需要对原料进行长时间的预处理（加热）、造成完成后需要进行成品表面的粉末清理等。

106

4.3.2.3　主要厂商和设备情况

国际主要典型公司为 3D System，前文已做介绍；国内典型公司为北京隆源，公司是国内最大的 SLS 技术提供商，公司全称为北京隆源自动成型系统有限公司，为三帝打印科技有限公司（3DP Technology, Inc.）控股子公司。成立于 1994 年，注册于中关村科技园区。自 1994 年研制成功第一台激光快速成型机开始，便倾力开发选区激光粉末烧结（SLS）快速成型机，同时致力快速原型的应用加工服务。它是我国最早开发、生产、销售激光选区粉末烧结快速成型机（工业级 3D 打印）的企业。公司于 2002 年通过了 ISO 9001 国际质量体系认证。2013 年，三帝打印科技公司控股公司。

作为国内最大的 3D 打印（SLS）技术服务供应商，隆源成型通过拥有自主知识产权的 3D 打印设备及产品、全面的工艺及雄厚的技术实力为用户提供个性化的定制服务。隆源成型加工服务中心已为航空航天、汽车摩托车、泵业阀体等行业快速制造了大批量的异形复杂制件。迄今，公司已拥有近 400 家设备和加工服务用户，遍布航空航天、船舶、汽车制造、电子、铸造、医疗、文化艺术及研究院所和高校。

典型设备是 3D System 公司生产的 ProX 500 和 sPro 系列，主要适用于功能型热塑塑料。

主要性能指标如下：

（1）构建尺寸：550 毫米 × 550 毫米 × 750 毫米（22 英寸 × 22 英寸 × 30 英寸）；

（2）层厚：0.08 ~ 0.15 毫米（0.003 ~ 0.006 英寸）；

（3）体积构建速度：1.8 升/小时（110 立方英寸/小时）；

（4）扫描速度：6 米/秒和 12 米/秒（240 英寸/秒和 480 英寸/秒）；

（5）激光功率/类型：70 瓦。

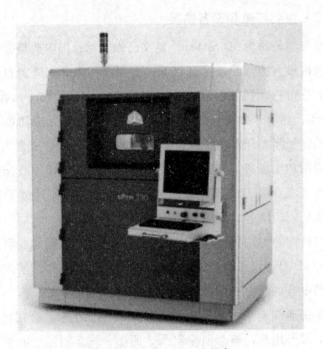

图 4 - 22　sPro 230 HS 设备

资料来源：3Dsystems、华融证券。

4.3.2.4　应用

由于机械性能不佳，SLS 较少用于金属功能零件的制造，但是能够实现模型、样机的快速制作，也可以较高的建造速度用于非金属零件的小批量生产。能够应用于工业设计、航空航天、医疗用品、电子产品外壳等领域。

图 4 - 23　SLS 应用举例

资料来源：华融证券。

具体而言，SLS 的应用可大体归纳为六个方面。

（1）快速原型制造。SLS 工艺能够快速制造模型，从而缩短从设计到看到成品的时间，通过制造出的原型可以对最终产品进行分析和评价，从而提高最终产品的质量，同时也可以使客户更加快速、直观地看到最终产品的原型。

（2）新型材料的制备及研发。采用 SLS 工艺可以研制一些新兴的粉末颗粒以加强复合材料的强度。

（3）小批量、特殊零件的制造加工。当遇到一些小批量、特殊零件的制造需求时，利用传统方法制造往往成本较高，而利用 SLS 工艺可以快速有效地解决这个问题，从而降低成本。

（4）快速模具和工具制造。目前，随着工艺水平的提高，SLS 制造的部分零件可以直接作为模具使用，经过后处理，甚至可以直接使用功能性零件。

（5）在逆向工程上的应用。利用三维扫描工艺等技术，可以利用 SLS 工艺在没有图纸和 CAD 模型的条件下按照原有零件进行加工，根据最终零件构造成原型的 CAD 模型，从而实现逆向工程应用。

（6）在医学上的应用。由于 SLS 工艺制造的零件具有一定的孔隙率，因此可以用于制造人工骨骼，已经有临床研究证明，这种人工骨骼的生物相容性较好。

4.3.2.5　材料

由于 SLS 原理的特点，该工艺可以采用任何加热时黏度降低的粉末材料，包括蜡、PC、尼龙、金属等，但对粉末的粒径有较为严格的要求，当粉末粒径为 0.1 毫米以下时，成型后的原型精度可达 ±1%。

相关文献资料研究结果显示，具体而言用于 SLS 工艺的材料有各类粉末，包括金属、陶瓷、石蜡以及聚合物的粉末，如尼龙粉、覆裹尼龙的玻璃粉、聚碳酸酯粉、聚酰胺粉、蜡粉、金属粉（成型后常需进行再烧结及渗铜处理）、覆裹热凝树脂的细砂、覆蜡陶瓷粉和覆蜡金属粉等，SLS 工艺采用的粉末粒度一般在 50～125 微米。间接 SLS 用的复合粉末通常有两种混合形式：一种是黏结剂粉末与金属或陶瓷粉末按一定的比例机械混合；另一种则是把金属或陶瓷粉末放到黏结剂稀释液中，使其具有黏结剂包裹的金属或陶瓷粉末。为了提高原型的强度，用于 SLS 工艺的材料正渐渐地转向金属和陶瓷。

4.3.3　选择性激光熔化（SLM）／直接金属激光烧结成型（DMLS）

4.3.3.1　SLM 工作原理

　　SLM 的工作原理与 SLS 相似，都是将激光的能量转化为热能使金属粉末成型，其主要区别在于 SLS 在制造过程中，金属粉末并未完全熔化，而 SLM 在制造过程中，金属粉末加热到完全熔化后成型。计算机将物体的三维数据转化为一层层截面的 2D 数据并传输给打印机，打印机控制激光在铺设好的粉末上方选择性地对粉末进行照射，激光能量被粉末吸收并转换为热能，选区内的金属粉末加热到完全熔化后成型，加工成当前层。然后，活塞使工作台降低一个单位的高度，新的一层粉末铺撒在已烧结的当前层之上，设备调入新一层截面的数据进行加工，与前一层截面黏结，此过程逐层循环直至整个物体成型。SLM 的整个加工过程在惰性气体保护的加工室中进行，以避免金属在高温下氧化。

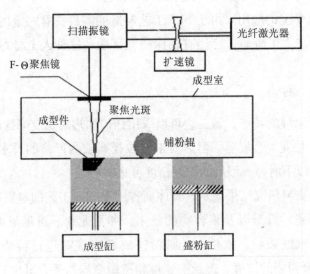

图 4－24　SLM 工作原理

资料来源：华融证券。

4.3.3.2　SLM 特点

1. SLM 的主要优点

（1）成型的金属零件致密度高，可达 90% 以上，某几种金属材料成型后的致密度近乎 100%；抗拉强度等机械性能指标优于铸件，甚至可达到锻件水平；显微维氏硬度可高于锻件。

（2）尺寸精度较高。

（3）与传统减材制造相比，可节约大量材料，对于较昂贵的金属材料而言，可节约一定成本。

2. SLM 的主要缺点

（1）成型速度较低，为了提高加工精度，加工层较薄，加工小体积零件所用时间也较长，因此难以应用于大规模制造；

（2）设备稳定性、可重复性还需要提高；

（3）零件的表面粗糙度较高；

（4）熔化金属粉末需要大功率激光，能耗较高。

4.3.3.3　SLM 主要厂商和设备情况

SLM 技术的代表公司为德国的 EOS GmbH Electro Optical Systems，公司自 1989 年在德国慕尼黑成立以来，一直致力雷射粉末烧结快速制造系统的研究开发与设备制造工作。EOS 公司现在已经成为全球最大同时也是技术最领先的雷射粉末烧结快速成型系统的制造商，其所拥有的雷射烧结技术也正是 e – Manufacturing 的核心技术。

e – Manufacturing 是由 EOS 公司所倡导的全新 e 制造整合服务，基于雷射粉末烧结成型技术的全新制造概念。从数位档桉直接进行快速的立体制作，达到弹性大、低成本的制造模式。这种制造方式能够符合从单件产品制造到大量生产的不同市场需求。

EOS 雷射粉末烧结快速制造系统具有弹性、客制化与绿色制造的优点，适于应用在 3C 产品开发、航太产品、精密模具、样品打样、生医材料制造上。目前德国 EOS 公司在金属粉末雷射快速制造设备上为全球最顶尖供应商。

典型设备为 EOS 公司的 EOSINT M 280，主要参数如下。

图4-25　EOSINT M 280 设备

资料来源：华融证券。

主要性能指标如下：

（1）构建尺寸：250 毫米×250 毫米×325 毫米（9.85 英寸×9.85 英寸×12.8 英寸）；

（2）层厚：0.03 毫米/0.06 毫米；

（3）扫描速度：最快7 米/秒；

（4）激光功率/类型：Yb-fibre 激光发射器，200 瓦或400 瓦。

4.3.3.4　SLM 应用

由于能够实现较高的打印精度和足够的机械性能，SLM 不仅可用于模型、样机的制造，也可用于复杂形状的金属零件的小批量生产，能够应用于航空航天、医疗用品等领域。

目前，SLM 技术最令人瞩目的是在 Elon Musk 的 SpaceX 公司开发的新一代 Dragon V2 载人飞船的 SuperDraco 引擎的制造中的应用——SuperDraco 引擎的燃烧室是使用 EOS 公司的 SLM 设备制造的。SuperDraco 引擎的冷却道、喷射头、节流阀等结构的复杂程度非常高，3D 打印很好地解决了复杂结构的制造问题。同时，SuperDraco 是在 6900kPa 的高温高压环境下工作，而且作为一款在一次载人过程中多次点火的引擎，其重复使用次数和可靠性相当重要，SLM 制造出的零件的强度、韧性、断裂强度等性能完全可以满足各种严苛的要求。

图 4-26　SLM 应用

资料来源：华融证券。

世界范围内，已经有多家成熟的设备制造商，包括德国 EOS 公司、德国 MCP 公司、Concept Laser 公司等。EOS 应用 SLM 技术的设备包括 EOSINT M 系列、EOS M 系列、PRECIOUS M 系列。

4.3.3.5　SLM 材料

与 SLS 类似，可以用于 SLM 技术路径的粉末材料也比较广泛，一般可以将 SLM 技术路径使用的粉末材料分为三类，分别是混合粉末、预合金粉末、单质金属粉末。

（1）混合粉末。混合粉末由一定比例的不同粉末混合而成，在设计过程中需要考虑激光光斑大小对粉末粒度的要求。现有的研究表明，利用 SLM 成型的构件机械性能受致密度、成型均匀度的影响，而目前混合粉的致密度还有待提高。

（2）预合金粉末。根据成分不同，可以将预合金粉末分为镍基、钴基、钛基、铁基、钨基、铜基等，研究表明，预合金粉末材料制造的构件致密度可以超过95%。

（3）单质金属粉末。一般，单质金属粉末主要为金属钛，其成型性较好，致密度可达到98%。

4.3.3.6　DMLS 工作原理

DMLS（Direct Metal Laser Sintering）又称金属激光烧结、金属直接表面烧结或者激光熔覆。其原理是通过在基材表面覆盖熔覆材料，利用激光使其与基材表明一起熔凝在一起的方法。

4.3.3.7　DMLS 特点

1. DMLS 的主要优点

（1）对基材改变较小。通过 DMLS 技术，对基材的热影响程度较小，引起的变形程度也较小。

（2）材料范围广。根据不同的基材，可以使用不同的粉末材料进行加工，可以用于不同用途。

（3）提高部件使用寿命。可对局部磨损或损伤的大型设备贵重零部件、模具进行修复，延长使用寿命。

（4）降低成本。可以快速修复受损部件，减少因设备损坏造成的停工时间，从而降低维护成本。

2. DMLS 的主要缺点

存在的缺点基本与 SLM 路径相同，主要是成型速度慢、需要大功率激光设备等。

4.3.3.8　DMLS 应用

DMLS 主要用于受损零件的修复，下游行业主要涉及冶金、石化、船舶、电力、机械、液压、化工、模具等行业，可对大型转动设备重要零部件如轴、叶片、轮盘、曲轴、泵轴、齿轴以及模具、阀门等进行腐蚀、冲蚀和磨损后的激光熔覆修复。

4.3.3.9   DMLS 材料

DMLS 技术的材料主要包括自熔性合金粉末、碳化物复合粉末、自黏结复合粉末、氧化物陶瓷粉末等。

（1）自熔性合金粉末。主要特点是含硼和硅，具有自我脱氧和造渣的性能，因此这类粉末倍成为自熔性合金粉末，可分为镍基自熔合金、钴基自熔合金、铁基自熔合金。

（2）碳化物复合粉末。碳化物复合粉末是由碳化物硬质相与金属或合金作为黏结相所组成的粉末体系。这类粉末中的黏结相能在一定程度上使碳化物免受氧化和分解，特别是经预合金化的碳化物复合粉末，能获得具有硬质合金性能的涂层。

（3）自黏结复合粉末。自黏结复合粉末是指在热喷涂过程中，由于粉末产生的放热反应能使涂层与基材表面形成良好结合的一类热喷涂材料，其最大的特点是具有工作粉和打底粉的双重功能。

（4）氧化物陶瓷粉末。氧化物陶瓷粉末具有优良的抗高温氧化能力，还有隔热、耐磨、耐蚀等性能，是一类重要的热喷涂材料，也是目前极受重视的激光熔覆材料。

4.3.4   电子束熔炼（EBM）

4.3.4.1   工作原理

电子束熔炼（Electron Beam Melting，EBM）也是一种金属增材制造技术。EBM 的工作原理与 SLM 相似，都是将金属粉末完全熔化后成型。其主要区别在于 SLM 技术是使用激光来熔化金属粉末，而 EBM 技术是使用高能电子束来熔化金属粉末。计算机将物体的三维数据转化为一层层截面的 2D 数据并传输给打印机，打印机在铺设好的粉末上方选择性地向粉末发射电子束，电子的动能转换为热能，选区内的金属粉末加热到完全熔化后成型，加工成当前层。然后，活塞使工作台降低一个单位的高度，新的一层粉末铺撒在已烧结的当前层之上，设备调入新一层截面的数据进行加工，与前一层截面黏结，此过程逐层循环直至整个物体成型。

EBM 对零件的制造过程需要在高真空环境中进行，一方面是防止电子散射，另一方面是某些金属（如钛）在高温条件下会变得非常活泼，真空环境可以防止金属的氧化。

EBM 技术最早由瑞典 Arcam 公司研发并取得专利。Arcam 成立于 1997 年，专注于 EBM 设备的研发、制造，目前拥有超过 50 项相关专利。

4.3.4.2 特点

EBM 技术同样具有 SLM 技术的致密度高、机械性能好、硬度高、尺寸精度较高、节约材料等优点。

1. 与 SLM 相比，EBM 技术的主要优点

（1）电子束的能量转换效率非常高（80% ~ 90%），远高于激光（常用的 CO_2 激光器能量转换效率不足 20%），能量密度更高，粉末材料熔化速度更快，因此可以得到更快的成型速度，且节省能源。

（2）高能量密度能够熔化熔点高达 3400℃ 的金属。

（3）电子束的扫描速度远高于激光，因此在造型时一层一层扫描造型台整体进行预热以提高电子粉末的温度。经过预热的粉末在造型后残余应力较小，在特定形状的造型上会有优势，且无须热处理。

（4）EBM 技术同样具有 SLM 技术的成型效率低，设备稳定性、可重复性低，表面粗糙度高等缺点。

2. 与 SLM 相比，EBM 技术的主要缺点

（1）由于 EBM 对粉末进行预热，金属粉末会"变成类似假烧结的状态"（略微凝固的状态），造型结束后，SLM 的未造型粉末极易清除，而 EBM 的未造型粉末需要通过喷砂去除，但是复杂造型内部会有难以去除的问题；

（2）需要额外的系统以制造真空工作环境。

4.3.4.3 主要厂商和设备情况

瑞典 Arcam 公司成立于 1997 年，目前已经在斯德哥尔摩股票交易所上市，2003 年 3 月公司第一台 EBM S12 机器上市，随后推出基于 EBM 技术的改进机型，目前在欧洲、亚洲、美洲等地设有分支机构，典型设备为 Arcam 公司的产品 Q10、Q20、A2X 等。

图 4 - 27　Arcam A2X 设备

资料来源：Arcam、华融证券。

主要性能指标如下：

（1）构建尺寸：200 毫米×200 毫米×380 毫米；

（2）层厚：0.05 毫米；

（3）体积构建速度：55/80 立方厘米/小时（Ti6Al4V 材料）；

（4）扫描速度：最高 8000 米/秒；

（5）EBM 功率：50～3000 瓦（连续可变）。

4.3.4.4　应用

EBM 可用于模型、样机的制造，也可用于复杂形状的金属零件的小批量生产。目前 EBM 主要应用于航空航天，如制造起落架部件和火箭发动机部件等，同时可应用于骨科植入物领域，目前已经有成功案例。

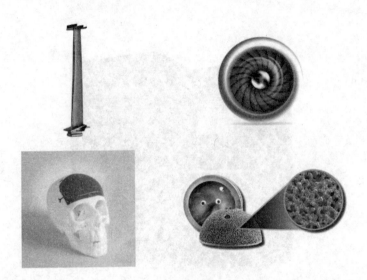

图 4-28　EBM 应用举例

资料来源：Arcam、华融证券。

4.3.4.5　材料

EBM 的材料多为金属材料，不同的应用领域对强度、弹性、硬度、热性能等要求有所区别，因此根据不同的用途需要进行调配，一般为多金属混合粉末合金材料，如目前主流的 Ti6Al4V、钴铬合金、高温铜合金等。这些材料具有自己独有的一些特征，如高温铜合金具有高相对强度、潜在地用于高热焊剂的应用（可达到 700℃）、极好地升高温度的强度、极好的热传导性、极好的抗蠕变性等特征。

4.3.5　选择性热烧结（SHS）

4.3.5.1　工作原理

选择性热烧结（Selective Heat Sintering，SHS）也是一种基于粉末床的增材制造技术，由丹麦 Blueprinter 公司开发，其工作过程与 SLS 有相似之处，区别在于 SLS 使用激光烧结粉末，SHS 使用热敏打印头的热量烧结热敏性粉末。计算机将物体的三维数据转化为一层层截面的 2D 数据并传输给打印机，打印机控制热敏打印头在铺设好的粉末上方选择性地移动，打印头的热量将选区内的粉末加热至熔融温度以上，粉末融化并黏结在一起，加工成当前层。然后，活塞使工作台降低一个单位的高度，新的一层粉末铺撒在已烧结的当前层之上，设备调入新一层截面的数据进行加工，与前一层截面黏结，此过程逐层循环直至整个物体成型。

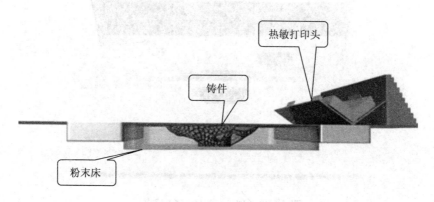

图 4 - 29　SHS 技术原理图

资料来源：Blueprinter、华融证券。

4.3.5.2　特点

1. SHS 的优点

（1）是一种低成本的 3D 打印技术，材料和设备价格相对低廉。

（2）与其他粉末床打印技术一样，无须额外的支撑结构，可打印几何形状复杂的物体。

（3）多打印头同时工作，可以打印复杂的几何形状。

2. SHS 的缺点

（1）材料单一，仅包括热塑性尼龙粉末。

（2）成型精度低。

（3）成型速度慢。

4.3.5.3　主要厂商和设备情况

丹麦的 Blueprinter 公司是唯一应用该技术的厂商，公司成立于 2009 年，公司成立的宗旨是制造优惠和实用的适用于办公室环境的 3D 打印机。公司的专利技术 SHS 最早亮相于 2011 年的欧洲模具展，目前公司产品主要销售地为欧洲，正在拓展其他国家市场。

目前推出的主流设备型号为 Blueprinter M3。

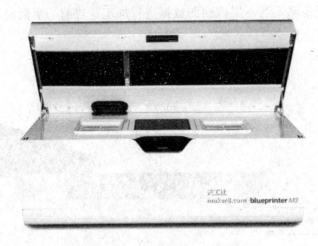

图 4-30　Blueprinter M3 设备

资料来源：Blueprinter、华融证券。

主要性能指标如下：

（1）构建尺寸：200 毫米 × 157 毫米 × 140 毫米；

（2）层厚：0.1 毫米；

（3）构建速度：2～3 毫米/小时；

（4）解析度：0.1 毫米。

4.3.5.4　应用

由于只能使用热敏性塑料粉末，因此采用 SHS 技术打印出的物件强度有限，智能用于创意模型、模具的打印，暂时不能用于功能件的打印。但与设计激光的 3D 打印机相比，该技术可以放置于办公室环境中，从而成为桌面级 3D 打印机，可以与 FDM 技术形成重要的桌面级打印机的技术来源。

图 4 – 31　SHS 应用举例

资料来源：华融证券。

4.3.5.5　材料

基于 SHS 的材料主要是热敏性材料，如尼龙等。针对不同的构件，尼龙粉末的粒径可能会有所不同，在打印结束后打印的最终部件会被未熔化的粉末所包围，因此需要进行后处理，这就要求材料要能够轻易去除。

4.4　光聚合成型类

4.4.1　光聚合成型类 3D 打印技术概述

光聚合成型类 3D 打印技术是一类利用光敏材料在光照射下固化成型的 3D 打印技术的统称。其主要包括三种技术路线：其一是由美国 3D Systems 开发并最早实现商业化的光固化成型技术（SLA）；其二是由德国 Envision TEC 公司基于数字光处理（DLP）投影仪技术的基础上开发了 DLP 3D 打印技术；其三则是由以色列 Objet 公司（2012 年与 Stratasys 合并）开发的聚合物喷射技术（PolyJet）。

但使用的光源不同，在产品性能、应用范围等方面存在差异。接下来，具体从工作原理、优缺点、典型设备、应用领域及耗材等几个方面对三种技术进行详细论述。

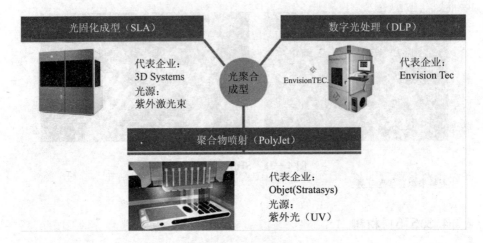

图 4-32　光聚合成型类 3D 打印技术分类

资料来源：华融证券。

4.4.2　光固化成型技术（SLA）

光固化成型（Stereo Lithography Appearance，SLA）技术是由 Charles Hull 于 1983 年发明，并在 1986 年获得申请专利，是最早实现商业化的 3D 打印技术。此 1986 年，Charles Hull 成立 3D Systems 公司，大力推动相关业务发展。1988 年该公司根据 SLA 成型技术原理生产出世界上第一台 SLA 3D 打印机——SLA250，并将其商业化。经过多年发展，3D Systems 公司已成为全球最大的 3D 打印设备提供商。

4.4.2.1　SLA 工作原理

SLA 主要利用液态光敏树脂在紫外激光束照射下会快速固化的特性。具体工作原理：

（1）在树脂槽中盛满液态光敏树脂，可升降工作台处于液面下一个截面层厚的高度，聚焦后的激光束，在计算机控制下，按照截面轮廓要求，沿液面进行扫描，被扫描的区域树脂固化，从而得到该截面轮廓的树脂薄片。

（2）升降工作台下降一个层厚距离，液体树脂再次暴露在光线下，再次扫描固化，如此重复，直到整个产品成型。

（3）升降台升出液体树脂表面，取出工件，进行相关后处理。

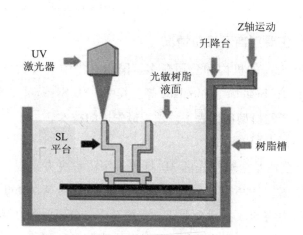

图 4 - 33　SLA 工作原理示意

资料来源：华融证券。

4.4.2.2　SLA 优缺点

在目前应用较多的几种 3D 打印技术中，SLA 由于具有成型过程自动化程度高、制作原型精度高、表面质量好以及能够实现比较精细的尺寸成型等特点，得到较为广泛的应用。

1. SLA 主要优点

（1）是最早出现的快速原型制造工艺，成熟度高。

（2）由 CAD 数字模型直接制成原型，加工速度快，产品生产周期短，无须切削工具与模具。

（3）成型精度高（在 0.1 毫米左右）、表面质量好。

2. SLA 主要缺点

（1）SLA 系统造价高昂，使用和维护成本相对过高。

（2）工作环境要求苛刻。耗材为液态树脂，具有气味和毒性，需密闭，同时为防止提前发生聚合反应，需要避光保护。

（3）成型件多为树脂类，强度、刚度、耐热性有限，不利于长时间保存。

（4）软件系统操作复杂，入门困难。

（5）后处理相对烦琐。打印出的工件需用工业酒精和丙酮进行清洗，并进行二次固化。

4.4.2.3　主要厂商及设备情况

国内外研究 SLA 的机构和公司众多。国内有华中科技大学、珠海西通、智垒等，国外有 3D Systems、Formlabs 等。其中，3D Systems 在 SLA 技术领域起步最早，所生产的机型也代表了该领域最先进的技术。

1. 代表企业：3D Systems

3D Systems 公司是全球领先的 3D 打印、印刷解决方案提供商，也是 3D 打印概念的缔造者。1986 年，SLA 技术发明者 Charles W. Hull 成立 3D Systems 公司，并致力将 SLA 技术商业化。发展至今，公司业务已涵盖 3D 打印全产业链，包括上游材料、中游设备以及下游应用服务，三块业务在 2014 年收入中的占比分别为 24.30%、43.35% 和 32.35%。

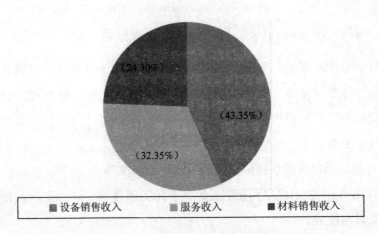

图 4－34　3D Systems 公司 2014 年的收入构成

资料来源：Wind、华融证券。

（1）3D Systems 公司技术实力强劲。通过自主研发、收购兼并等方式，公司相继实现了立体光固化成型（SLA）、选择性激光烧结（SLS）、彩色喷射打印（CJP）、多喷头打印（MJP）等 3D 打印机的商业化运作。同时，公司的 Medical Modeling 开创了虚拟手术技术（VSP），其服务达到世界领先水平，帮助了数以千计的患者。

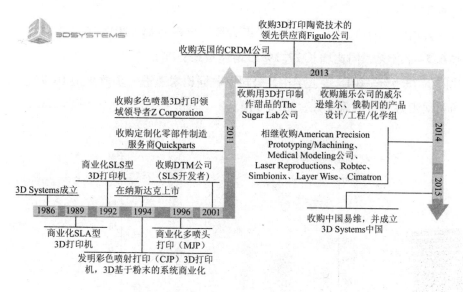

图 4-35　3D Systems 发展历程

资料来源：华融证券。

（2）3D Systems 公司的历史是一部 3D 打印全产业链的并购史。公司从成立至今围绕整个 3D 打印产业链相继并购了数十家企业。特别是近几年随着 3D 打印关注度的提升，公司并购的步伐更快了。2011 年，公司相继收购定制化零部件制造服务公司 Quickparts 和多色喷墨 3D 打印领域领导者 Z Corporation 公司。2013 年 8 月，公司宣布收购英国的 CRDM 公司，其专门从事航空航天、赛车运动、医疗设备行业的快速原型和快速模具服务，此举将帮助公司站稳英国市场。同年，公司又相继收购了专门用 3D 打印技术制作甜品的 The Sugar Lab 公司、3D 打印陶瓷技术的领先供应商 Figulo 公司以及施乐公司旗下位于威尔逊维尔、俄勒冈的产品设计/工程/化学组。2014 年，公司并购达到巅峰，相继收购了俄克拉荷马州的姊妹公司 American Precision Prototyping 和 American Precision Machining、Medical Modeling 公司、美国先进制造产品开发和工程服务商 Laser Reproductions、拉美最大的 3D 打印服务商 Robtec、仿真手术设备巨头 Simbionix 公司、比利时的直接金属 3D 打印和制造服务供应商 Layer Wise 公司以及 CAD/CAM 软件厂商 Cimatron 公司。为加强在中国的业务开展，2015 年 3D Systems 收购中国无锡易维及其全资子公司，并创建 3D Systems 中国公司。

公司收入增速放缓，净利润转正为负，出现亏损。2014 年，公司实现营收 6.54 亿美元，同比增长 27.3%，增速放缓；实现净利润 1164 万美元，同比降低 73.6%。2015 年上半年，公司营收同比增速进一步放缓至 10.7%，而净利润则为 -2688 万美元，出现亏损。

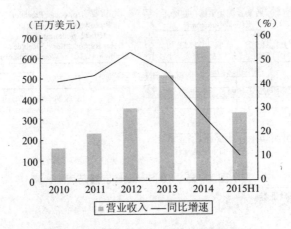

图 4 - 36　3D systems 公司营收增速放缓

资料来源：Wind、华融证券。

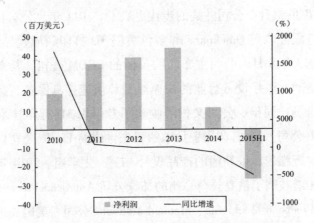

图 4 - 37　3D systems 公司净利润转正为负，出现亏损

资料来源：Wind、华融证券。

2. SLA 型 3D 打印设备：3D Systems ProX 950

3D Systems 生产的 ProX 950 属生产级 3D 打印机，相比之前的 3D 打印机，可以更快速地制造出精细的塑料零件，同时摆脱了注塑制造或 CNC 的设计限制。采用新的 PloyRay 技术，其打印速度可以达到其他 3D 打印机的 10 倍。

3D Systems ProX 950｜工业级3D打印机

两个激光器同时工作
速度快：只需两天即可制造出全尺寸仪表板
精度高：达到或超过注塑成型精度，能与CNC匹敌
无缝衔接：单次完成整个零件打印，持久耐用
材料利用率高：所有未使用材料均保留在系统中

图 4－38　3D Systems ProX 950

资料来源：华融证券。

具体性能如下：

（1）成型最大尺寸：1500 毫米 ×750 毫米 ×550 毫米；零件最大质量：150 千克。

（2）采用新的 PloyRay 技术，打印精度可达到或超过注塑成型的精度，可与 CNC 匹敌。

（3）速度可达到其他 3D 打印机的 10 倍，只需两天即可制造出全尺寸仪表盘。

（4）材料利用率高，所有未使用的材料均保留在系统内。

（5）材料选择广泛，可满足从类丙烯腈丁二烯苯乙烯的韧性到类聚碳酸脂的透明度等一系列零件属性。

4.4.2.4　SLA 应用

SLA 由于具有加工速度快、成型精度高、表面质量好、技术成熟等优点，在概念设计、单件小批量精密铸造、产品模型及模具等方面被广泛应用于航空、汽车、消费品、电器及医疗等领域。

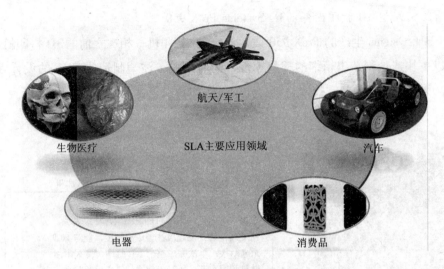

航天/军工

生物医疗　　　　　　　　SLA主要应用领域　　　　　　　汽车

电器　　　　　　　　　　　　　　消费品

图4-39　SLA主要应用领域

资料来源：华融证券。

从目前来看，光固化成型（SLA）技术未来将向高速化、节能环保、微型化方向发展。随着加工精度的不断提高，SLA将在生物、医药、微电子等方面得到更广泛的应用。

4.4.2.5　SLA打印材料

基于光固化成型技术（SLA）的3D打印机耗材一般为液态光敏树脂，如光敏环氧树脂、光敏乙烯醚、光敏丙烯树脂等。光敏树脂是一类在紫外线照射下借助光敏剂的作用能发生聚合并交联固化的树脂，由光敏剂和树脂组成。目前，用于SLA技术比较成熟的材料主要有以下四个系列：

（1）Ciba（瑞士）公司生产的CibatoolSL系列。

（2）Dupont（美国）公司生产的SOMOS系列。

（3）Zeneca（英国）公司生产的Stereocol系列。

（4）RPC（瑞士）公司生产的RPCure系列。

4.4.3　数字光处理技术（DLP）

4.4.3.1　DLP工作原理

DLP是3D打印成型技术的一种，被称为数字光处理快速成型技术。DLP

技术与 SLA 有很多相似之处，其工作原理也是利用液态光敏聚合物在光照射下固化的特性。DLP 技术使用一种较高分辨率的数字光处理器（DLP）来固化液态光聚合物，逐层对液态聚合物进行固化，如此循环往复，直到最终模型完成。DLP 成型技术一般采用光敏树脂作为打印材料。

DLP 和 SLA 同属于光聚合成型，两者最大的差别在于照射的光源：SLA 采用激光点聚焦到液态光聚合物，而 DLP 成型技术是先把影像信号经过数字处理，然后再把光投影出来固化光聚合物。

4.4.3.2　DLP 优缺点

在成型时，SLA 一般是由点到线，再由线到面，而 DLP 则是一层一层地成型。因此，DLP 成型的速度要比 SLA 快。由于造价较高，基于 DLP 技术的 3D 打印机价格要比 FDM 机型高，甚至比 SLA 机型高。

1. DLP 技术的主要优点

（1）打印速度快，甚至比 SLA 快。

（2）打印精度高。

（3）打印分别率高，物体表面光滑。

2. DLP 技术的主要缺点

（1）机型造价高。

（2）DLP 技术所用的液态树脂材料较贵，并且容易造成材料浪费。

（3）DLP 技术使用的液态树脂材料具有一定的毒性，使用时需密闭。

4.4.3.3　主要厂商及设备情况

目前，生产研究 DLP 技术的企业较多，其中最具代表性的是德国的 Envision TEC。随着 DLP 技术的不断成熟，我国多家企业也相继推出自主研发的 DLP 3D 打印机产品，如珠海西通、宁波智造科技等。

1. 代表企业：Envision TEC 公司

Envision Tec 是全球领先的数字光处理（DLP）技术 3D 打印机制造公司，成立于 2002 年，总部位于德国。自 2002 年以来，已有 6000 多台 Envision Tec 的系统在全球使用。另据全球知名 3D 打印研究机构 Wohlers Associates 的统计，2014 年，在工业级 3D 打印机领域，Envision Tec 市场份额为 10%，排名第三，仅次于 Stratasys 和 3D Systems。DLP 技术优势明显、操作简便，使得 Envision 产品在很多领域得到广泛应用。在助听器市场，公司产品的全球市场占有率超过 60%；在珠宝行业，公司 Perfactory 系列产品的全球市场占有率超过 50%。

在 3D 打印技术方面，Envision TEC 除拥有 DLP 技术外，还相继开发了 3SP（Scan, Spin, and Selectively Photocure）技术和 3D - Bioplotter 技术。其中，3SP 技术在打印精度、速度以及逼真度方面占据优势；而 3D - Bioplotter 技术则是公司最新开发的一种适用于生物打印和生物工程制造的 3D 打印技术。

2. DLP 型 3D 打印设备：珠海西通纳米珠宝专用 3D 打印机

随着 DLP 技术的不断成熟，我国多家企业也相继推出自主研发的 DLP 3D 打印机产品，如珠海西通、宁波智造科技等。下面以珠海西通 DLP 纳米珠宝专用 3D 打印机为例。

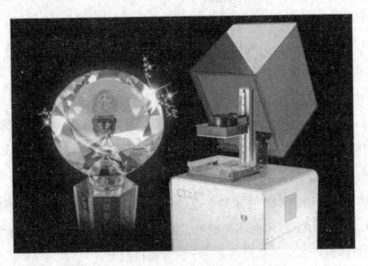

图 4 - 40　珠海西通 DLP 纳米珠宝专用打印机

资料来源：珠海西通官网、华融证券。

以珠海西通 DLP 纳米珠宝专用打印机为例，其具体性能如下：

（1）成型最大尺寸：90 毫米 × 60 毫米 × 90 毫米。

（2）*x*、*y* 轴的精度：7 微米；*z* 轴的精度：7.5 微米。

（3）成型面的分辨率：1080×1920。

4.4.3.4　DLP 应用

DLP 技术具有打印速度快、成型精度高、打印物体表面光滑等优点，同时，具有机型造价高、打印成本贵的缺点，因此主要被应用于对精度和表面光洁度要求高但对成本相对不敏感的领域，如珠宝首饰、生物医疗、文化创意、航空航天、建筑工程、高端制造。

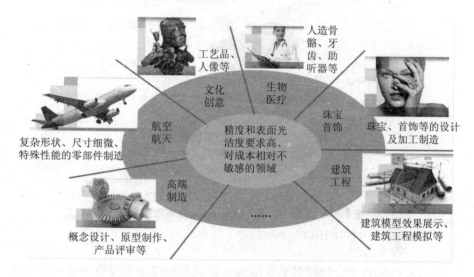

图 4-41　DLP 技术主要应用领域

资料来源：Envision TEC 官网、华融证券。

4.4.3.5　DLP 打印材料

基于数字化光处理技术（DLP）的 3D 打印机耗材与 SLA 类似，一般也为液态光敏树脂。光敏树脂是一类在紫外线照射下借助光敏剂的作用能发生聚合并交联固化的树脂，由光敏剂和树脂组成。

4.4.4 聚合物喷射（PolyJet，PJ）

4.4.4.1 PolyJet 工作原理

聚合物喷射（PolyJet）技术是由以色列 Objet 公司在 2000 年年初推出的专利技术。PolyJet 技术是目前 3D 打印技术中最先进的技术之一，其成型原理与 3DP 相似，只是喷射材料不是黏合剂而是聚合物。

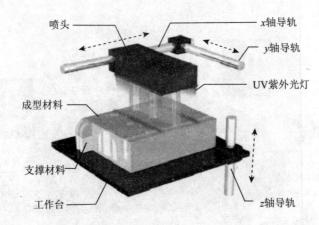

图 4–42 聚合物喷射（PloyJet）技术成型原理

资料来源：中国 3D 打印网、华融证券。

上图为 PolyJet 聚合物喷射系统结构。其成型原理也是光敏树脂在紫外光照射下固化。具体打印过程是：

（1）喷头沿 x/y 轴方向运动，光敏树脂喷射在工作台上，同时 UV 紫外光灯沿着喷头运动方向发射紫外光对工作台上的光敏树脂进行固化，完成一层打印。

（2）之后工作台沿 z 轴下降一个层厚，装置重复上述过程，完成下一层的打印。

（3）重复前述过程，直至工件打印完成。

（4）去除支撑结构。

4. 4. 4. 2　PolyJet 优缺点

PolyJet 技术是一种强大的增材制造方法，能够制作出光滑、精准的原型、部件和工具。高达 16 微米的层分辨率和高达 0.1 毫米的精度使其能够用范围极广的材料制作出薄壁和复杂的几何形状。

1. PolyJet 技术的主要优点

（1）打印质量、精度高。高达 16 微米的层分辨率和 0.1 毫米的精度，可确保获得光滑、精准部件和模型。

（2）清洁，适合于办公室环境。PolyJet 技术采用非接触树脂载入/卸载，支撑材料清除和喷头更换都很容易。

（3）打印速度快。得益于全宽度上的高速光栅构建，可实现快速的流程，可同时构建多个项目，并且无须二次固化。

（4）色的部件。此外，所有类型的模型均使用相同的支持材料，因此可快速便捷地变换材料。

2. PolyJet 技术的主要缺点

（1）需要支撑结构。

（2）耗材成本相对较高。尽管与 SLA 一样均使用光敏树脂作为耗材，但价格比 SLA 的高。

（3）成型件强度较低。由于材料是树脂，成型后的工件强度、耐久性都不是太高。

4. 4. 4. 3　主要厂商及设备情况

1. 代表企业：Stratasys 公司

Stratasys 公司（纳斯达克代码：SSYS）是一家全球领先的 3D 打印和增材制造方案提供商，公司是由原 Stratasys Inc 和以色列 Objet 公司于 2012 年合并而成，合并后的公司沿用 Stratasys 的名称，市场份额约为 54.7%（2014 年年末）。SSYS 现有员工 2800 多人，总部分别设在美国明尼苏达州 Minneapolis 和以色列 Rehovot。Stratasys Inc. 的创始人 Scott Crump 是 FDM（熔融沉积成型）技术的发明者。

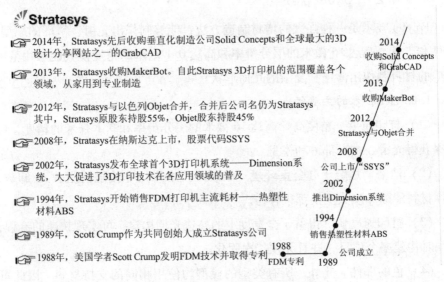

图4-43　Stratasys 公司的发展历程

资料来源：华融证券。

SSYS 在全球拥有 600 多项增材制造专利，主要的专利技术包括 FDM、PolyJet 和 WDM（蜡沉积成型）。Stratasys Inc. 靠 FDM 技术起家，拥有 FDM 专利和相应产品。通过与 Objet 合并，引入其 PolyJet 相关技术，充实了工业级产品线。2013 年 6 月，SSYS 收购了主打桌面级 3D 打印市场的厂商 MakerBot，进一步扩充了桌面级产品线。通过并购，Stratasys 巩固了自身的行业地位，与另一行业巨头 3D Systems（纳斯达克代码：DDD）分庭抗礼。

表4-4　SSYS 旗下品牌

品牌	类别	核心产品
Stratasys	桌面级、实验室级、工业级	Design、Production、Dental 系列打印机（Objet、Dimension、Fortus）、Idea 系列打印机（Mojo、uPrint）
Solidscape	实验室级、工业级	Solidscape、Legacy 系列喷蜡打印机
MakerBot	桌面级、3D 素材社区	Replicator 系列打印机（售价 $1375～6499）、Digitizer 扫描仪（售价 $799）、Thingiverse 设计共享社区（全球最大）

资料来源：华融证券。

装机量是考量3D打印行业公司的一个重要标准。2004—2012年（合并前），Stratasys Inc.和Objet的装机量都经历了快速增长，CAGR分别为29%和47%。截至2015年第一季度，旗下所有品牌累计售出12.9万台打印机，在行业内排名第一。由于3D打印机的使用过程中需要用到耗材，而耗材的利润率高于3D打印硬件，因此装机量是SSYS的一大优势。相比装机量低的公司，SSYS未来业绩增长更有保障。

2014年，SSYS收入7.5亿美元，净利润－1.2亿美元。2015年一季度亏损达2.2亿美元，盈利状况不容乐观。其中一个重要的原因是2013年收购的MakerBot增长远不及预期，截至目前已累计造成3亿美元的资产减值，约为当初收购价的73%。SSYS目前市值14.7亿美元，较2014年9月的历史最高值已缩水78.3%。截至8月14日，公司卖空股数占流通股数比例为25.7%，较2014年9月底的10.8%大幅提高，一定程度上反映了投资者情绪的变化。

表4-5　SSYS主要财务指标

财务摘要	2012	2013	2014	2015
营业收入（百万美元）	215	484	750	173
同比增长率（%）	77.75	125.05	54.86	14.44
净利润（百万美元）	8	－27	－119	－216
同比增长率（%）	－42.21	－417.44	－343.05	－5392.10
ROE（%）	1.02	－1.32	－4.75	－8.92
市盈率	362.21	－245.93	－35.44	－22.55

资料来源：Wind、华融证券。

2. PolyJet型3D打印设备：Objet 1000 Plus工业级3D打印机

Objet 1000 Plus是目前世界上最大型的多材料3D打印机，配备从全比例原型到精密小型零件的全封装托盘。

配备1000毫米×800毫米×500毫米的超大构建托盘，在提高生产力的同时又不影响精确度

大部分时间都在无人值守的情况下运行

在单次自动化作业中可打印多达14种材料

最大程度地减少后期处理需求

图4-44　Stratasys Objet 1000 Plus 工业级3D 打印机

资料来源：Stratasys 官网、华融证券。

Objet 1000 Plus 具体性能如下：

（1）高输出量，低成本。Objet 1000 Plus 配备 1000 毫米 ×800 毫米 ×500 毫米的超大构建托盘，可 1∶1 打印，简化生产流程。同时，该打印机直接根据 CAD 数据制造多材料零件，大部分时间都在无人值守的情况下运行。此外，与之前的系统相比，它的打印速度提高了 40%，较其他 PolyJet 系统其单件打印成本最低。

（2）可多材料打印，最大程度减少后期处理需求。Objet 1000 Plus 单次最多可打印 14 种材料，进而避免了刚性材料难以钻削和装配的问题。同时，打印出的工件无须进行上漆、抛光或涂橡胶等处理，支撑材料可轻松处理。

4.4.4.4　PolyJet 应用

PolyJet 3D 打印技术具有快速加工和原型制造的诸多优势，甚至能快速、高精度地生成具有卓越的精致细节、表面平滑的最终用途零件。基于诸多优势，PolyJet 技术应用广泛，在航空航天、汽车、建筑、军工、商业品、消费品、医疗等行业具有很好的应用前景。

4.4.4.5　PolyJet 打印材料

PolyJet 3D 打印技术使用的光敏聚合物多达数百种。从橡胶到刚性材料，从透明材料到不透明材料，从无色材料到彩色材料，从标准等级材料到生物相容性材料，以及用于在牙科和医学行业进行 3D 打印的专用光敏树脂。

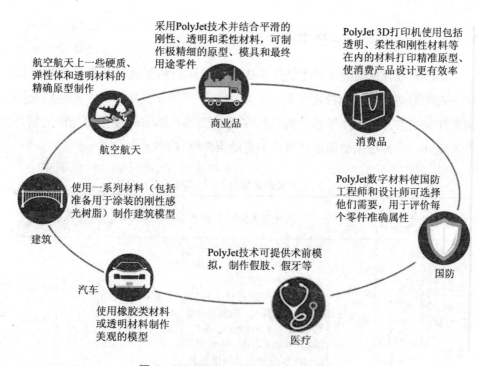

图 4 - 45　PolyJet 3D 打印技术应用广泛

资料来源：Stratasys 官网、华融证券。

图 4 - 46　PolyJet 3D 打印有数百种材料（以 Stratasys PolyJet 材料为例）

资料来源：Stratasys 官网、华融证券。

4.4.5 光聚合成型类技术结论与展望

三种光聚合成型类 3D 打印技术基本原理都是利用液态光敏聚合物（树脂）在光照射下固化的特性，只是使用的光源不同。其中，SLA 使用的光源为紫外激光束，DLP 使用的光源为数字光处理器，PolyJet 使用的光源为紫外光。此外，三种技术使用的耗材均为光敏聚合物（树脂）。

表 4 - 6　三种光聚合成型类 3D 打印技术对比分析

基本原理		主要优缺点	应用领域	材料	代表企业
原理	光源				
光固化成型（SLA）	紫外激光束	优点：工艺成熟度高/加工速度快，无须切削工具与模具/成型精度高/表面质量好　缺点：SLA 系统造价高昂/工作环境要求苛刻，需密闭和避光/成型件多为树脂类，强度、刚度、耐热性有限，不利于长时间保存/软件系统操作复杂，入门困难/后处理相对烦琐	航天军工、汽车、消费品、电器及医疗等	液态光敏聚合物（树脂）	3D Systems
数字光处理成型（DLP）	数字光处理器	优点：打印速度快，甚至比 SLA 都快/打印精度高/打印分别率高，物体表面光滑　缺点：机型造价高/所用的液态树脂材料较贵，容易造成材料浪费/使用时需密闭	珠宝首饰、生物医疗、文化创意、航空航天、建筑工程、高端制造		Envision TEC
聚合物喷射成型（PolyJet）	紫外光	优点：打印质量、精度高/清洁，适合办公室环境/打印速度快/用途广　缺点：需要支撑结构/耗材成本相对较高/成型件强度较低	航空航天、汽车、建筑、军工、商业品、消费品、医疗等		Objet（2012 年与 Stratasys 合并）

（均是利用液态光敏树脂在光照射下固化的特性，只是 3 中技术使用的光源不同）

资料来源：华融证券。

三种技术虽然原理相近，但由于光源以及具体工艺的差异，导致在打印速度、精度、光洁度等方面各有优劣，在应用方面也是各有侧重。

4.5　其他 3D 打印技术

4.5.1　分层实体制造（LOM）

LOM 工艺称为分层实体制造，是历史最悠久的 3D 打印成型技术，也是最成熟的 3D 打印技术之一，由美国 Helisys 公司的 Michael Feygin 于 1986 年研制成功。

4.5.1.1　LOM 工作原理

LOM 系统主要包括计算机、数控系统、原材料存储与运送部件、热黏压部件、激光切系统、可升降工作台等部分组成。LOM 以片材为原材料，如纸、塑料薄膜等。片材表面事先涂覆上一层热熔胶。加工时，热压辊热压片材与下面已成形的工件黏接；用 CO_2 激光器在刚黏接的新层上切割出零件截面轮廓和工件外框，并在截面轮廓与外框之间多余的区域内切割出上下对齐的网格；激光切割完成后，工作台带动已成形的工件下降，与带状片材分离；供料机构转动收料轴和供料轴，带动料带移动，使新层移到加工区域；工作台上升到加工平面；热压辊热压，工件的层数增加一层，高度增加一个料厚；再在新层上切割截面轮廓。如此反复直至零件的所有截面黏接、切割完，得到分层制造的实体零件。

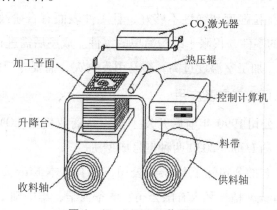

图 4 - 47　LOM 工作原理图

资料来源：华融证券。

4.5.1.2　LOM 优缺点

1. LOM 优点

（1）原型精度高，在薄片材料的切割成型中，纸材一直都是固态，仅有一层薄薄的胶从固态变化为熔融态。所以，LOM 制件没有内应力，而且翘曲变形小。在 x 方向的精度是 0.1 毫米 ~ 0.2 毫米，y 方向和 x 方向精度相同，在 z 方向的精度是 0.2 毫米 ~ 0.3 毫米。

（2）原型能承受高达 200℃ 的温度，有较高的硬度和较好的力学性能。

（3）无须额外设计和制作支撑。

（4）废料、余料易剥离，可进行各种切削加工，无须后固化处理。

（5）成型速度快，该技术不需要对整个断面进行扫描，而是沿着工件的轮廓由激光束进行切割，具有较快的成型速度，因此可以用于结构复杂度较低的大型零件的加工，制作成本低。

2. LOM 缺点

（1）有激光损耗，并且需要建造专门的实验室，维护费用昂贵。

（2）可以应用的原材料种类较少，目前最常用的是纸材，不能直接制作塑料工件。

（3）纸材的最显著缺点是对湿度极其敏感，LOM 原型吸湿后叠层方向尺寸增长，严重时叠层会相互之间脱离。为避免因吸湿而引起的这些后果，在原型剥离后短期内需要迅速进行密封处理。

（4）工件的抗拉强度和弹性不够好，且工件表面有台阶纹，很难构建形状精细、多曲面的零件，仅限于结构简单的零件。成型后需进行表面打磨。

（5）制作时，加工室温度过高，容易引发火灾，需要专门的人看守。

4.5.1.3　LOM 厂商及应用

美国 Helisys 公司 1990 年前后开发了第一台商业机型 LOM‐1015，其后推出 LOM‐1050 和 LOM‐2030 两种型号成型机。

研究 LOM 工艺的公司除了 Helisys 公司，还有日本 Kira 公司、瑞典 Sparx 公司、新加坡 Kinergy 精技私人有限公司、清华大学、华中理工大学等。

图 4 - 48　LOM - 1015

　　LOM 是几种最成熟的快速成型制造技术之一。这种制造方法和设备自 1991 年问世以来，得到迅速发展。由于叠层实体制造技术多使用纸材，成本低廉，制件精度高，而且制造出来的木质原型具有外在的美感和一些特殊的品质，因此受到了较为广泛的关注。

　　应用领域：工业设计、机械制造、汽车零部件制造、模具、艺术品设计、动漫行业、军工保密单位以及航空航天、高等教育、建筑装饰、外科医疗（骨科应用较多）、儿童玩具制造、制鞋行业等。在产品概念设计可视化、造型设计评估、装配检验、熔模铸造型芯、砂型铸造木模、快速制模母模以及直接制模等方面得到了迅速应用。

　　图 4 - 49 是某车灯配件公司为国内某大型汽车制造厂开发的某型号轿车车灯 LOM 原型。

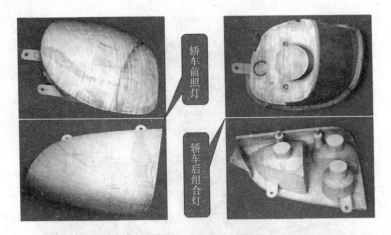

图 4-49　LOM 应用实例

4.5.1.4　LOM 原材料

LOM 材料一般由薄片材料和热熔胶两部分组成。

（1）薄片材料。根据对原型件性能要求的不同，薄片材料可分为：纸片材、金属片材、陶瓷片材、塑料薄膜和复合材料片材。

当前纸片材应用最多。这种纸由纸质基底和涂覆的黏结剂、改性添加剂组成，成本较低。

（2）热熔胶。用于 LOM 纸基的热熔胶按基体树脂划分，主要有乙烯-醋酸乙烯酯共聚物型热熔胶、聚酯类热熔胶、尼龙类热熔胶或其混合物。

目前，EVA 型热熔胶应用最广。EVA 型热熔胶由共聚物 EVA 树脂、增黏剂、蜡类和抗氧剂等组成。

4.5.2　激光近形制造技术（LENS）

20 世纪 90 年代中期，UTC 与美国桑地亚国家实验室（Sandia National Laboratories）合作开发了使用 Nd：YAG 固体激光器和同步粉末输送系统的全新理念的激光近形制造技术（Laser Engineered Net Shaping，LENS），成功地把同步送粉激光熔覆技术和选择性激光烧结技术融合成先进的激光直接快速成型技术。

4.5.2.1　LENS 原理

LENS 技术将快速成型技术中的选择性激光烧结技术和激光熔覆成型技术结合，其基本原理如图 4 - 50 所示。该系统主要由 4 部分组成：计算机、高功率激光器、多坐标数控工作台和送粉装置。在计算机上生成零件的 CAD 模型，然后使 CAD 模型离散为一系列二维平面图形，计算机由此获得扫描轨迹指令。激光束通过光学系统被导入加工位置，与金属基体发生交互作用形成熔池，金属粉末通过送粉器经送粉喷嘴在保护气体的作用下汇集并输送到激光形成的微小熔池中，熔池中粉末熔化、凝固后形成一个直径较小的金属点。根据 CAD 给出的路线，数控系统控制激光束来回扫描，便可通过点、线、面的搭接以及逐层熔覆堆积出任意形状的金属三维实体零件。

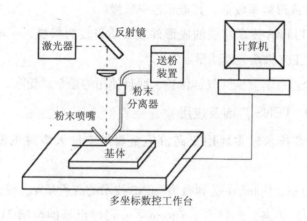

图 4 - 50　激光近形制造技术的基本原理示意

4.5.2.2　LENS 优缺点

激光束具有高功率密度、方向性好、控制快捷等优点，从而使激光近形制造技术具有快速、准确、经济等优点，特别是该技术对零件的复杂程度没有限制。同时，金属材料在激光束的照射下所获得的优越组织性能还可保证零件具有优越的性能。具体如下：

1. 优点

（1）LENS 技术在加工异质材料方面的特有优势是，采用 LENS 技术可以很容易地实现零件不同部位具有不同的成分和性能，不需反复成形和中间热处理等步骤。

（2）激光直接制造属于快速凝固过程，金属零件完全致密、组织细小，性能超过铸件。

（3）不需采用模具，使制造成本降低15%～30%，生产周期节省45%～70%。

（4）如果系统的整体性较好，参数合理，LENS技术制成的模型或者零件的微观组织中无夹杂、无气孔、无凹陷、无裂纹，致密度达100%。对采用LENS技术制成的试样进行疲劳测试，结果显示，其制成成形件的疲劳强度高于相应铸件以及锻件的疲劳强度。

2. 缺点

（1）制件成形效率较低，其堆积速率较慢。

（2）采用LENS技术建成的成形件表面质量较为粗糙，一般不能直接使用，需要后加工来提高表面质量。

（3）整个过程需要惰性气体保护，而且使用的是金属粉末，成本较高。

4.5.2.3 LENS 厂商及应用

目前LENS技术较多地用于高价值金属航空航天零件的制造、修复及改型。

1998年以来，Optomec公司致力LENS技术的商业开发，推出第三代成形机LENS850－R设备。2013年，Optomec公司推出新的金属3D打印机产品LENS 450。LENS 450的核心技术与LENS系列的其他产品类似，都是用来修复、电镀和快速生产多种高性能金属部件。LENS沉积系统使用高功率激光的能量，在瞬间直接将金属粉末变成结构层。

在国内，西北工业大学研究的激光立体成型和北京航空航天大学采用此方法成型大型钛合金件，在航空航天等重要工业领域的应用迅速发展。

4.5.2.4 LENS 原材料

LENS技术适于钛合金等高强度金属件加工。LENS技术选用的金属粉末有三种形式：

（1）单一金属。

（2）金属加低熔点金属黏结剂。

（3）金属加有机黏结剂。由于采用的是展粉方式，所以不管使用哪种形式的粉末，激光烧结后的金属的密度较低、多孔隙、强度较低。要进一步烧结零件强度，必须进行后处理，如浸渗树脂、低熔点金属，或进行热等静压处理。但这些后处理会改变金属零件的精度。

5.1 3D 打印在生物医疗行业的应用

5.1.1 3D 打印医疗领域的发展现状

5.1.1.1 3D 打印与医疗行业天然匹配

由于增材制造技术的本质特征，决定了其可以快速、高效、准确地再现三维计算的模型。而这些恰好迎合了医疗行业的诸多特征，如：

（1）每个患者的特点都不一样，每个病例所成的三维数据也都不一样，治疗需要"对症下药"，而 3D 打印完全可以做到个性化。

（2）人体的结构十分复杂，传统技术难以三维重现复杂的人体，3D 打印技术恰好能够使这些得以实现，可以满足医疗器具精准、复杂、量身定做的要求。

（3）患者总是希望能够得到及时快速的治疗，3D 打印技术有望加速治疗过程的推进。

（4）从需求角度讲，面对生命与健康，患者一般不会因为价格高昂而拒绝治疗，医疗产品的需求弹性小，而且随着我国医保制度的不断完善，居民的医疗消费会不断提升。

从医疗行业的特性来看，3D 打印与医疗行业"天然匹配"，为此市场大多看好 3D 打印技术在医疗领域的应用，根据 Wholers2015 的报告，2014 年增材制造下游应用领域医疗行业的占比为 13.1%，仅次于消费电子、汽车与航空航天领域。Wholers 报告中指出，3D 打印技术已经在医用模型、外科手术以及手术导板、骨科植入物等领域有了广泛应用。2014 年，大约超过 20 项

3D 打印植入物获得了 FDA（美国食品药品管理局）的批准，这些植入物的范围包括颅骨、臀股、膝盖和脊柱等。已经有 10 万多个髋关节植入物进行生产，并有大约 5 万个已经应用到病人身上。

根据 SmarTech Markets 的研究预测，2015 年，牙科与医学领域的市场规模可达到 14.08 亿美元，2020 年有望达到 45.44 亿美元。

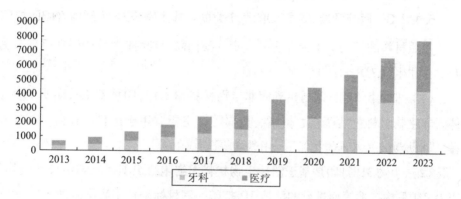

图 5-1　医疗行业 3D 打印市场规模预测（百万美元）

资料来源：SmarTech Markets、华融证券。

5.1.1.2　医疗 3D 打印的关键技术：3D 建模

医疗 3D 打印产品以人体个性化数据为基础，那么 3D 打印应用于医疗领域的可行性是基于 CT、MRI 以及 3D 重建技术，即通过 CT、MRI 对人体进行扫描得到二维数据，经过专业的筛选、剔除后，再对其进行三维重构处理，最后形成 3D 打印模型数据。在建模过程中，第一步图像获取的清晰度十分重要，随着当今影像技术的发展，CT、MRI 技术扫描的二维图像数据已经能够满足三维建模的需要，而从二维数据到三维数据的转换与重构是能否实现 3D 打印的关键。

从目前的市场来看，较为成熟的 3D 重构处理系统有比利时 Materialise 公司的 Mimics、美国 Able Software 公司的 3D.Doctor 和 VG studio MAX。目前我国在医疗 3D 重构处理系统方面做得还比较少，多数公司都是购买国外的软件进行数据建模。当然我国国内企业也研发了一些三维医学影像处理系统，如西安盈谷科技有限公司"AccuRad TM pro 3D 高级图像处理软件"于 2005 年 4

月投入市场，它能对二维医学图像进行快速的三维重建，并能对临床影像的数据进行科学有效的可视化和智能化挖掘和处理，为临床提供更多有价值的信息。但目前国外优秀软件如 Mimics、3D Doctor、VGStudio MaX 等的价格非常昂贵，且其技术严格保密，国内的产品大多没有自主知识产权和成熟的商业应用模式。[①]

5.1.1.3　医疗领域3D打印的两个方向：非生物3D打印和生物3D打印

依照材料的发展与生物性能的差别，我们简单地将医疗领域3D打印分为两类：非生物3D打印与生物3D打印。

(1) 非生物3D打印是指利用非生物材料和3D打印技术来打印非生物假体，非生物材料包括塑料、树脂、金属等，主要应用于齿科、骨科、医疗器械、辅助器械（术前模拟）、医用教学等医疗领域。

(2) 生物3D打印是基于活性生物材料、细胞组织工程、MRI 与 CT 技术以及3D重构技术等而进行的活体3D打印，其目标是打印活体器官。

5.1.2　非生物3D打印

5.1.2.1　发展现状

相对于生物3D打印而言，非生物3D打印的原理较为简单，所需材料也相对易得，因此在医疗领域的应用已经比较广泛。非生物3D打印的产品不具备生物相容性，大多产品可归于医疗器械的范畴，具体应用在：①个性化假体的制造，可用在骨科、齿科、整形外科等；②复杂结构以及难以加工的医疗器械制品，包括植入物与非植入物，如多孔结构的髋关节、模拟人体器官的医用模型等。

5.1.2.2　案例介绍

1. 齿科

3D打印在齿科修复领域中的应用主要包括打印不同的修复体、制作矫正

---

① 周长春，等.科技创新与应用［J］.3D打印技术在生物医学工程中的研究及应用.2014
(21).

牙套、打印牙模以及手术导板等。齿科是目前最有希望可以规模化应用的 3D 打印技术的医疗领域，根据 SmarTech《牙科 3D 打印 2015：一个十年的机会预测与分析》中的预测，3D 打印技术在牙科领域的市场于 2015 年会大幅提升，市场容量将比 2014 年增加一倍以上，到 2016 年会达到 20 亿美元的市场规模，到 2020 年销售规模可上升至 31 亿美元。

表 5-1　齿科应用案例介绍

案例 1	示意图	优点	备注
3D 打印种植牙		传统种植牙需在牙槽骨上种植一颗螺纹钉，然后在螺纹钉上装假牙冠。缺点是耗时长，牙冠与螺纹合金体结合不紧密易被细菌入侵等，治疗费用>1 万元/颗 3D 打印种植牙可直接形成含牙根的整个牙体，可实现与原有牙槽无缝结合，减少患者痛苦，成本相对较低，治疗费用可低于 1 万元/颗	目前我国 3D 打印种植牙处于动物试验阶段，如进展顺利 2～3 年后可应用到实际治疗中
案例 2	示意图	优点	备注
3D 打印牙模、矫形器等		美观、方便、成本低、制作速度快、易于定时更换	

资料来源：南极熊网站、华融证券。

2. 医疗辅助器械

（1）手术导板。手术导板属于个性化手术工具的一种，包括关节导板、脊柱导板、口腔种植体导板等。手术导板是在患者做手术之前需要专门定制的手术辅助工具，其作用就是依据患者的解剖特征，将植入体与患者病理部位进行准确对接，以实现植入体的精准植入。

（2）术前模拟、医用教具。术前模拟与教具领域的应用主要体现在对人体器官模型的打印，对材料的要求较低。

术前模拟的优势主要有两方面，一方面在医生做手术之前先按照打印出的模型进行病理分析与模拟演练，会大大增加医生的操作信心，尽早发现术中问题并缩短手术时间，同时可规避一些潜在风险，提高手术成功率。另一方面，在术前将模型与手术方案完整地展现给患者，让患者清楚地了解到手术的过程与可能出现的风险，可以有效地减少医患纠纷，缓解紧张的医患关系。

3D打印医用教具同样有重要的意义：医学事业的发展需要对人体构造不断进行探索，而医学解剖所用遗体却十分紧缺，并且一具尸体的费用也比较昂贵，导致研究成本高昂。3D打印技术制作的解剖教具不仅可等比例反映人体结构，还可以依比例缩放，能够更好地展现传统意义上的"解剖死角"，可将病理解剖完全呈现给学生与医生，从而对人体构造有更清晰认识，此外还大幅降低了研究成本。

此外，术前模拟模型在手术完成之后，还可以直接转化为教学用具，成为学生与年轻医生病灶分析的有利工具。

表5-2　医疗辅助器械应用案例介绍

案例1	示意图	优点	备注
3D打印手术导板		更加精准，完全实现"个性化"，打印速度快，植入体与患者病理部位进行准确对接，以实现植入体的精准植入	
案例2	示意图	优点	备注
3D打印医用教具、手术模型		术前模拟：规避风险，缩短手术时间、减少医患纠纷 医用教具：模型可缩放，全面展示人体构造、降低研究成本	

资料来源：南极熊网站、华融证券。

3. 假肢

3D打印很适用于假肢的制作，根据患者的实际情况来设计个性化定制假肢，以满足解剖及生物力学的要求，同时3D打印假肢要比传统方法制造的假肢更加美观实用。

表 5 - 3　假肢应用案例介绍

案例 1	示意图	优点	备注
3D 打印手		传统假肢通常造价较高，且随着年龄增大，更换假肢的成本也很高。而 3D 打印假手成本通常仅在 50 ~ 200 欧元，材料相对便宜，易于更换、修复与再利用	
案例 2	示意图	优点	备注
3D 打印将假肢变得更时尚		让每一个假肢佩戴者都能设计自己的假肢，表达自己的个性；提高截肢者的生活质量，自信地表达和展示自己的风格与个性可以帮助截肢者更好地重新融入日常生活	全球假肢市场的领导者之一 Ottobock 公司与专门 3D 打印假肢外壳的 UNYQ 公司合作

资料来源：南极熊网站、华融证券。

4. 骨、骨关节修复

3D 打印技术应用在骨修复领域的历史是比较长的，早在 1989 年，ISERI 等就采用逆向工程获得了一名 12 岁女孩的头骨模型，将快速成型技术应用于病人的诊断。[①] 在骨修复中，用 3D 打印制造的人工骨与传统的假肢相比有两个显著优势：一是通过精准复制可实现与原有骨骼的形状与力学性能保持一致；二是采用具有相容性的生物材料，可使人工骨进行代谢与生长，逐渐转化为原有器官的一部分。

在骨关节外科中，一般都需要植入人工假体来恢复相应破损部位的功能，传统方法定制的假体由于其精确度较差，就会导致与原部位拟合出现偏差的情况，这样就不利于手术的过程与日后恢复效果。3D 打印技术可为患者量身定制与原部位完全吻合的假体，从而提高植入物的成功率，让手术更加精准。

髋关节的发病率仅次于脊椎结核，在我国也是比较常见一种骨关节疾病。人体的骨盆和大腿经由髋关节连接，许多中年人就因髋关节的软骨表面磨损

———————————

① 王镓垠，等．人体器官 3D 打印的最新进展 [J]．机械工程学报．2014（12）．

或撕裂而行动不便，其治疗方法便是替换人工髋关节。值得指出的是，"3D打印钛合金人工髋关节"在2015年9月份获得了国家食品药品监督管理局的注册审批，成为我国首个CFDA批准的3D打印金属植入物。

表5-4　骨科应用案例介绍

案例1	示意图	优点	备注
德国完成首个3D打印钛脊柱融合植入手术		传统方法使用的骨移植和金属硬件往往会出现植入物迁移与破损的并发症，而这种并发症往往需要通过另一个手术来修复，从而加大了病人面临的风险 3D打印制造出了骨小梁结构的精确复制品，具有纳米结构的特点，可促进病人骨头的愈合和融合，并可实现与现有骨骼的内生长，从而可以防止出现再次进行骨移植治疗的需要	该3D打印植入物是由EIT Emerging Implant Technologies（EIT）公司生产
案例2	示意图	优点	备注
3D打印人工髋关节中的臼杯		微孔结构与人体的松质骨小梁结构相似，可以加大髋臼杯的摩擦力，获得术后即刻稳定性；同时有利于患者的骨头能快速长入金属髋臼杯之中，减少假体松动的发生，还可以为存在髋臼侧严重骨缺损的患者提供更符合个体需要的重建髋臼杯，以解决临床的复杂翻修问题	目前，只能按照注册审批通过的型号进行批量生产，无法实现个体化定制，仍有部分患者的需求无法满足。个性化的定制，还需要相关法律法规的支持

资料来源：天工社、人民网、华融证券。

5.1.2.3　非生物3D打印发展过程中所存在的问题

1. 材料的缺乏与医疗设备技术的落后

虽然非生物3D打印不要求材料具备"活性"，但对原材料性能的要求却非常高，以体内金属植入物为例，金属粉末的尺寸、均匀性、流动性、与人体的适应性等都影响着植入体性能的发挥。目前我国许多3D打印所需的高规格材料仍然只能依靠进口，成本十分昂贵。在3D打印医疗设备方面，国外技术水平也同样比国内要高，再加上材料与设备捆绑销售与专利的限制，使国内的医疗领域材料与设备的研发难度加大，这些都在客观上制约了医疗3D技术的发展进程。

2. 打印精度与速度存在冲突

医疗产品对精度的要求极高，由于受到材料、设备与技术等多方面的制约，目前 3D 打印医疗产品的精度仍不够理想，需要后续用传统工艺（如打磨、切削等）进行再加工，在技术可以达到精度要求的情况下，其打印速度往往又会降低很多。从这个角度来看，非生物 3D 打印的精度与速度还存在着一定的冲突，如何在保证产品精度的同时又能提高打印效率是当下重点需要攻克的难题。

3. 3D 建模技术与医学知识的分离

一个 3D 打印医疗产品是医学知识与 3D 建模技术、3D 打印技术共同作用的结果，而 3D 建模技术专业壁垒很高，现阶段大多医生不具备 3D 建模技能，建模工程师又因缺乏医学知识无法筛选一手数据，因此出现了 3D 建模与医学知识的背离，3D 打印医用产品从提取数据到实际生产需要一个较长的转换过程，而此过程会由于人为或者外部因素而拖延时间，无形中增加了产品的生产周期。如果医生能够掌握 3D 建模技能，那么只要医院有设备，医疗产品便可实现快速打印，而强迫医生学习 3D 建模技术又是不现实的举措。当前我们能想到的解决方案有：对医生和建模师双向进行基本医学知识与建模技能的普及、开发出易于学习和使用的建模软件、在医院专门成立 3D 打印中心等。

5.1.3　生物 3D 打印

5.1.3.1　发展现状

生物 3D 打印区别于传统的 3D 打印技术，它是基于活性生物材料、细胞组织工程、MRI 与 CT 技术以及 3D 重构技术等进行的活体 3D 打印，其目标是打印活体器官。我们按照打印的层次，可将生物 3D 打印分为简单生命体打印与复杂生命体打印两类。简单生命体打印指血管支架、软骨等的打印，复杂生命体打印指心脏、肝脏、肾脏等的打印。

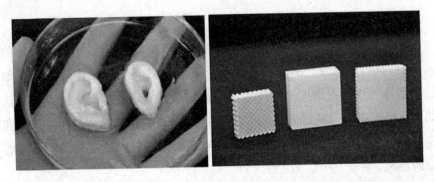

图5-1 简单人体组织、生物材料支架的打印

资料来源：捷诺飞生物科技有限公司。

目前的生物3D打印大多处于实验室阶段，国内外已经有了一些研究成果，大多现有成果都是关于简单生命体或是细胞组织的打印。

国外，如生物3D打印的龙头企业，美国Organovo公司发明的"Novo-Gen"生物平台，该平台技术可从人体提取出细胞成分（Human cells），然后将细胞成分与水凝胶等其他细胞混合物混合，制成生物墨水（Bio-Ink），之后再由生物3D打印机（Bioprinter）按照模型参数，将生物墨水部署在特定的空间位置，形成一个3D组织（3D Human Tissues），来帮助细胞沉积与生长，最终形成类似于人体肝脏环境的肝脏组织。2014年11月，Organovo公司推出了全球第一款商用3D打印人体肝脏组织exVive 3D，用于毒理学和其他临床药物测试。

国内，如蓝光发展控股子公司蓝光英诺发明的一项核心技术——生物砖，其实质是一个精准的具有仿生功能的干细胞培养体系，它可以使干细胞在体外得到精确的定向分化控制，让干细胞按照要求分化成人体所需的细胞。公司的血管打印技术就是用生物墨水在生物砖上打印血管，使其具有活性。2015年10月25日，蓝光英诺发明制造的"全球首台3D生物血管打印机"在成都发布。因为任何器官都要靠血管来输送养分，所以此打印机面世的重要意义在于通过打印血管，提供了一种供应血管细胞所需的各种活性物质的手段，而这种手段对于研究如何打印活体器官来说是一个突破性的进展。

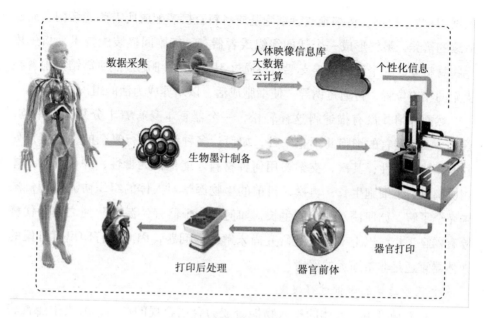

图 5 - 2　蓝光英诺生物 3D 打印体系

5.1.3.2　生物 3D 打印总体发展缓慢

1. 研究进程缓慢

生物 3D 打印不仅仅是一个医学领域的问题，而是集生命科学、材料学、信息技术、组织工程、制造学、临床试验等交叉领域的一门大学科。能够打印出活体器官等复杂生命体从来都不是仅靠生物医学领域的发展就能够实现的，距离真正意义上的生物 3D 打印究竟还有多远，可能并不是我们想象的那样容易。目前来看，生物 3D 打印仍处于研究初期，目前对于材料、打印方法、组织结构、基因科学等的研究还远远不能支撑活体生物器官的打印，上述各技术的组成部分基本都处于独立研究阶段，尚未呈现一个产业链条的研究机制。

打印一个活体器官最主要的三个条件是：细胞、支架和诱导。从目前的研究成果来看，生物 3D 打印的核心技术是细胞装配技术，根据技术路线的不同，可分为细胞直接装配技术和细胞间接装配技术。[1] 细胞直接装配技术是指

---

[1]　张人佶. 北京市生物 3D 打印产业化路径探究［J］. 新材料产业. 2013（8）.

根据 3D 数据模型，将细胞或者细胞基质材料直接装配成所需要的结构，通过后续的培养，最终形成一个活的组织或者器官。细胞间接装配技术是指先用生物材料建立一个细胞培养支架，再通过 3D 模型将细胞按照所需结构附着在支架的相应位置，再通过诱导，使细胞成活，以培养成为活的组织器官。

然而事情并没有描述得这样轻松，一个器官本身有着十分复杂的结构。首先，一个器官的细胞并不止一种，如何让多种细胞进行复杂的多位置排列并能保持生长性；其次，支架要用何种材料才能保证无毒性，并可能与人体相协调以适于细胞生长；再次，目前的生物医学对人体的组织协调作用机制未完全了解，如何诱发细胞的生长，如何将一个器官"激活"使之完全代替原有器官工作。以上都是现有研究尚未解决的问题，因此距打印出有价值的人体器官还是非常遥远的事情。

2. 医疗器械的审批过程缓慢

医疗领域可植入人体的植入物能否成为合法合规的产品，取决于能否获得国家的审批，在美国需获得 FDA 的审批，在欧洲需获得 CE 认证，在中国需获得 CFDA（国家食品药品监督管理局）的注册审批。我国将医疗器械分为三类，第一类医疗器械是指通过常规管理足以保证其安全性、有效性的医疗器械；第二类医疗器械是指对其安全性、有效性应当加以控制的医疗器械；第三类医疗器械是指植入人体，用于支持、维持生命，对人体具有潜在危险，对其安全性、有效性必须严格控制的医疗器械。

大多生物 3D 打印植入物属于第三类医疗器械，其安全性和有效性需进行十分严格的检验，注册审批的流程一般为：研发设计阶段（至少 1~2 年）—理化生物学评测阶段（至少 1 年）—临床试验阶段（至少 2~3 年）—注册报批阶段（1 年）—上市。假设从研发到试验均一切顺利，产品面市的整个流程也至少需要 6~7 年的时间，而目前针对含细胞的生物打印制品，各国都还未出台相应的注册法规，监管也是相当严格，因此生物 3D 打印的产业化之路将更加漫长。

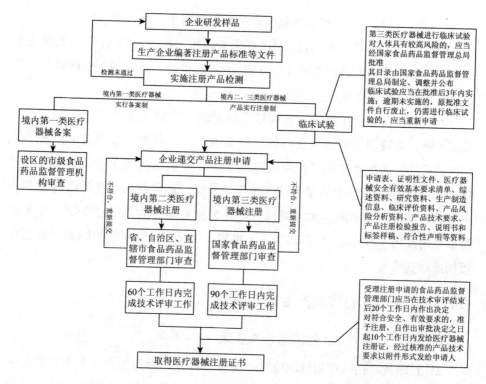

图 5-3　我国医疗器械注册审批流程

资料来源：华融证券。

5.1.4　医疗 3D 打印政策层面取得的阶段性成果

近年来，我国陆续制定了关于 3D 打印技术的政策，尤其在 2015 年，生物医疗方面的 3D 打印政策出现了许多阶段性的成果。

2015 年 2 月，《国家增材制造发展推进计划 2015—2016 年》将生物医疗打印列为重点发展方向之一。

2015 年 5 月，国务院印发的《中国制造 2025》中提出：围绕重点行业转型升级和新一代信息技术、智能制造、增材制造、新材料、生物医药等领域创新发展的重大共性需求，形成一批制造业创新中心（工业技术研究基地），重点开展行业基础和共性关键技术研发、成果产业化、人才培训等工作。制定完善的制造业创新中心遴选、考核、管理的标准和程序，明确指出实现生物3D打印、诱导多能干细胞等新技术的突破和应用。

2015年9月1日，我国首个3D打印人体植入物——3D打印人工髋关节获得国家食品药品监督管理局（CFDA）的注册批准，该产品也是世界上首个通过临床验证后获得注册批准的3D打印植入物。

本次获得国家食品药品监督管理局注册的人工髋关节产品属于第三类骨科植入物，是我国监管等级最高的医疗器械产品。刘忠军教授表示，该产品注册的成功，为患者提供了使用先进技术治疗病痛的有效手段，对推动整个3D打印产业链的发展具有里程碑式的重要意义。而产品国产化后将打破国外产品对高端市场的垄断，大大降低价格，为患者节约大笔医疗支出。此次注册审批的成功，意味着3D打印植入物得到了认可，后续研制的同类产品也有望加速得到审批。

5.1.5 医疗3D打印的产业化之路

5.1.5.1 医疗3D打印适合产业化

3D打印技术在医疗领域的应用一直颇被看好，因为生物医学本身就是一门繁杂的学科，其应用范围十分广阔，所以对3D打印医疗领域的市场规模的预测也十分乐观。3D打印技术由于其成型快、个性化等特点，可以在生物医疗领域快速且高效地生产出高性价比的产品，3D打印医疗产品适合走产业化发展道路。

然而目前，由于生物医疗3D打印的各个技术组成部分都处于独立研究发展阶段，且各组成技术也都尚未成熟，加上法律法规监管较为严格，医疗3D打印的产业化之路并不十分明晰。经过对一些公司的走访调研，我们发现3D医疗领域的许多公司都是初创企业，正处于产品的研发阶段，对后续产品的销售、公司的商业模式等还不是很清楚。我们认为，虽然当前3D打印医疗产业化之路并不明朗，但若找到合适的切入点，它还是十分具有发展前景的。合适的切入点包括三个要素：生产的可行性、产品的可替代性与一定的市场规模。显然，3D打印产品首先需要打印出来，且从材料到性能都必须合规，才可以面市销售。同时，3D打印的产品需要替代传统制造方法生产的产品，若生产效率与医疗效果均不及传统工艺，那么3D打印产品便没有太大的意义。最后，产品的市场容量要相当，才可能实现产业规模。

5.1.5.2　两个有望规模化经营的医疗应用领域

在对3D打印医疗企业进行调研的过程中，我们发现已经有企业找到了比较明晰的应用方向，并且十分具有发展前景。

1. 方向1：3D打印技术应用于药物筛选

药物筛选指的是采用适当的方法，对可能作为药物使用的物质（采样）进行生物活性、药理作用及药用价值的评估过程。传统的药物筛选方法有高通量筛选、动物筛选模型、高内涵筛选、虚拟药物筛选等，其中，高通量筛选是目前药物筛选的主流方法。

现有的药物筛选技术都属于体外药物筛选，大多是在培养皿中平面培养细胞进行筛选试验，由于在体外比较难以模拟活性细胞在体内的生长环境，就容易导致药效准确度不高。现有的体内筛选技术是在动物身上，由于动物与人体内的环境存在种属差别，并且试验成本高，因此实验效果同样并不理想。

3D打印药物筛选主要是基于细胞3D打印技术，将细胞按照三维建模的模型打印出来，而这种三维结构是按照人体结构构建出的、适合细胞黏附、生长、迁移的结构，相比其他筛选方法，此种细胞结构与人体中的生长环境更相似，因此筛选的效果会更加准确。

药物筛选是药物研发过程中的关键环节，药物研发是战略新兴产业，新药研发是高投入、高回报领域，2014年中国药品市场规模达到9261亿元，医药行业收入为17083亿元，增速为19.8%，利润总额增长至1732亿元，其中化学制药子行业的收入增速达到22.5%，利润增速为25.3%。从3D打印的角度来讲，能够在药物研发领域找到切入点，不仅对医药行业有新的贡献，也为3D打印技术本身提供了一个细分的产业发展方向。

2. 方向2：3D打印可吸收血管支架

无论是在国内还是国外，血管狭窄与栓塞已经是十分常见的疾病，植入血管支架是公认的比较好的治疗方式。目前医疗市场上用的血管支架都是金属材质的永久性支架。大量的临床数据表明，病变的血管在支架作用下是可修复的，时间约为3~6个月，3~6个月之后，血管再狭窄的概率极低，因此永久的支架便不是最理想的选择，它会带来一些并发症，如异物的炎症反应导致二次栓塞，且它需终身服用抗凝药。

生物可吸收血管支架则可改变上述永久性支架所存在的问题：随着支撑部位血管的恢复，支架在6个月左右开始被吸收，2~3年可以完全被降解，减少晚期再栓塞的隐患；而且不会像永久性支架一样长期存于体内，避免了炎症反应；即使同一部位再发生血管狭窄，也可进行支架的二次植入，减轻了患者的精神压力。可吸收血管支架是生物医学领域颠覆性的发明，也是国家重点推进的医学领域。完全可吸收血管支架通常由高分子材料制作而成，其中聚乳酸（PLA）、聚丙交酯（PGA）、聚己内酯（PCL）已被美国FDA批准可作为植入人体的可降解材料。

北京阿迈特医疗器械有限公司是一家从事生物可吸收产品的研发、生产、销售和服务的企业，也是国内最早进行生物组织工程产业化探索的企业之一。该公司利用3D打印技术，成功研发了生物可吸收血管支架，产品目前处于临床试验阶段。无论是永久性的血管支架，还是生物可降解支架，传统的制作方法均采用激光切割法。3D打印的FDM技术是在一个平面上进行层层打印，现有的FDM技术无法精密到可以打印血管支架这种极其微小的管状物。阿迈特公司在传统FDM技术的基础上，增加了一个圆轴，让喷头在轴上曲面进行打印，这样在曲面上直接打印一层便可形成血管支架，整个过程只需要1~2分钟，这项独有的技术被称为"3D精密制造技术（3D四轴曲面打印）。将此技术与传统工艺进行比较，如表5-5所示。

表5-5　血管支架加工技术对比

加工技术	示意图	对比	备注
激光切割技术		1. 精密成型 2. 多步成型，加工烦琐 3. 每一步要求严格，成本高 4. 材料利用率低（<10%） 5. 关键技术被大量专利覆盖	如果激光切割不均匀，将导致支架在撑开过程中出现变形不均匀、局部变形和应力集中的现象，加剧病变部位血管内壁的内皮损伤，支架植入后再狭窄概率增大

续表

加工技术	示意图	对比	备注
3D 精密制造技术	一步成型 25 min	1. 一步快速成型（1~2分钟） 2. 容易制造复杂结构的支架 3. 材料利用率高，成本低 4. 有望塑造个性化支架 5. 拥有自主知识产权	阿迈特公司首先利用3D打印技术实现支架的制造，已申请专利，因而拥有了自主知识产权

资料来源：阿迈特医疗器械有限公司、华融证券。

从原材料方面来看，由于可吸收血管支架所用的原材料 PLLA（聚乳酸）需要大量进口，价格十分高昂（约在 4 万元人民币/公斤），采用激光切割法会耗费90%的原材料，而 3D 打印技术却几乎不损耗原材料，大大降低了材料成本；从生产效率来看，激光切割法制作一个支架大约需要 20 分钟，而 3D 打印技术只需要 1~2 分钟；从性能来看，经过与雅培公司生产的 BVS 可吸收冠脉支架做对比，阿迈特公司 3D 打印的冠脉支架各项指标几乎与雅培的支架无异，且径向强度要优于雅培公司的产品。

目前，我国心血管手术中所用的血管支架均是金属支架，完全可吸收支架尚处于临床试验阶段，一旦该产品获得审批，5 年内金属支架的替代率将达到50%~70%。

按照我国的医疗器械销售体制，一个可吸收血管支架卖给经销商的价格大约为5000 元。从市场规模上讲，我国 2014 年接受 PCI 手术的患者约为 60 万例，随着手术技术水平的提高与医保制度的完善，我国未来接受 PCI 手术的患者会越来越多，据业内人士预测，我国 PCI 治疗病例数将以 25% 左右的速度保持增长，预计 2015 年的病例数大约为 80 万。以一个患者需接受 1.6 个冠脉支架为例，冠脉支架的需求量约为 128 万个，那么冠脉支架生产企业的市场规模就达到 640 亿，即使公司只占 1% 的市场份额，销售收入也会达到6.4 亿。而这仅仅是冠脉支架的预测收入，同时公司还会生产外周血管支架（心脏以外血管支架的统称）。

阿迈特公司的可吸收血管支架也正好符合《中国制造 2025》中所提出的"提高医疗器械的创新能力和产业化水平，重点发展影像设备、医用机器人等高性能诊疗设备，全降解血管支架等高值医用耗材，可穿戴、远程诊疗等移动医疗产品。实现生物 3D 打印、诱导多能干细胞等新技术的突破和应用。"另外，随着 3D 打印骨植入物的获批，未来我国会加快 3D 打印医疗器械产品的审批进程。

阿迈特公司是一个将 3D 打印技术与市场需求巧妙结合的典范，若产品的审批过程一切顺利，公司的经营业绩有望实现"爆发式"增长。将 3D 打印视为一个工具，在医疗领域充分挖掘其可发挥作用的需求点，将会推动医疗 3D 打印的产业化进程。

5.1.6　理性看待医疗 3D 打印

医疗行业与 3D 打印技术天然匹配，目前已经取得了不少令人可喜的成果，非生物 3D 打印（医疗器械领域）的发展进程明显比生物 3D 打印快很多，有望率先实现产业化。生物 3D 打印正处于并可能长期处于发展的初级阶段，产品从研发到面市的过程也非常漫长，但生物 3D 打印依然可以让我们满怀希望，在多学科交叉的医学领域，某项研究推进一小步，整个行业就可能迈出一大步。

同时我们还应理性地认识到，毕竟 3D 打印的医疗产品大多处于临床试验阶段，还没有大规模应用于实际医疗中，因此其实际医疗效果是否真正优于传统技术产品，最终患者为其支付的成本是否真的有所降低，政府或医保方面是否承认并愿意为 3D 医疗产品进行支付，这些都还未知。这也意味着 3D 打印在医疗行业中的发展不可能一帆风顺，但同时一定不会因为存在这些困难而驻足不前。

由于人类对生命延续的渴求，器官打印可以说是人类千百年来的梦想，而打印生命可以说是人类的终极愿望。由于人体复杂器官结构和功能的多样性、细胞与生物材料的特殊性、多学科交叉及多喷头、多维度 3D 打印设备的应用可能会成为未来学科发展的趋势和主流，也是实现复杂器官制造的关键所在。无论最终器官打印的梦想是否能实现，人类对生命科学的探索都不会停止。

5.2 3D 打印在航空航天和国防领域的应用

5.2.1 应用概述

5.2.1.1 市场规模和增速

3D 打印技术的下游应用以消费品和电子产品、机械、医疗、汽车和航空航天行业为主。据 Wohlers Association 的统计，2014 年全球 3D 打印行业规模为 41 亿美元。按照销售规模排名，3D 打印在航空航天业和国防工业的应用规模占比分别为 14.8% 和 6.6%，市场规模分别为 6 亿美元和 2.7 亿美元。3D 打印技术在航空航天业的应用规模近年来增长迅速，2013—2014 年，其市场份额由 10.2% 提升到了 14.8%，下游应用份额超越医疗/齿科行业，升至第四。

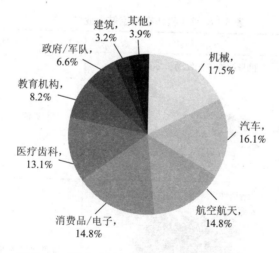

图 5-4 3D 打印在下游行业应用份额（2014）

资料来源：Wohlers，华融证券。

根据咨询机构 ICF International 在 2014 年的估计，航空航天零部件产业产值约为 1500 亿美元，但 3D 打印应用在其中的份额仅占 0.002%，未来市场空间巨大。Wohlers Association 预计 2020 年全球 3D 打印市场规模将达到 212 亿美元，未来 6 年行业平均增速 31.5%。假设航空航天业应用规模平均占比保持在 16%的水平，则 2020 年 3D 打印在航空航天业应用规模将达到 34 亿美元，未来 6 年平均增速为 33.9%。预计 3D 打印在国防工业领域的应用规模也将保持 30%左右的增速。

5.2.1.2 应用领域

目前 3D 打印在下游行业的应用主要分为原型制造、概念验证和直接制造。直接制造是指直接用 3D 打印技术生产最终产品，是未来 3D 打印的主要发展趋势。受制于成本和效率问题，直接制造目前只适用于小批量、个性化需求居多的行业，其中最典型的就是航空航天和国防。

在航空航天和国防工业领域，3D 打印主要用于零部件制造。其次，3D 打印在设计验证过程中也必不可少。相比传统制造，用 3D 打印技术进行设计验证省时省力。此外，3D 打印还可以应用于维修领域，不仅能够极大地简化维修程序，还可以实现很多传统工艺无法实现的功能。

表 5-6　3D 打印在航空航天业的应用

应用类型	应用案例	优势
直接制造	机身结构件、发动机零部件等 	低成本、快速试制、减重
设计验证	结构件、零部件的性能测试 	降低研发成本缩短研发周期、优化设计

续表

应用类型	应用案例	优势
维修	高价值易损件修补 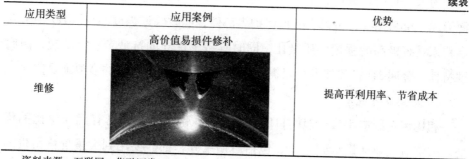	提高再利用率、节省成本

资料来源：互联网、华融证券。

航空航天和国防工业是直接受益于 3D 打印技术发展的行业之一，也是 3D 打印技术的主要应用领域，3D 打印技术商业化不久就开始被应用于航空航天和国防。20 世纪 90 年代，以波音和贝尔直升机为代表的美国厂商就开始将 3D 打印技术应用于非结构部件的生产。截至 2014 年，波音公司已经将几万件 3D 打印的零部件用在了十多款型号的飞机上。

5.2.1.3　应用优势

航空航天和国防工业代表着人类科学技术的最高水平，借助 3D 打印的优势，行业可以实现跨越式的发展。3D 打印技术的应用优势主要有以下几点：

1. 复杂结构的设计得以实现

3D 打印技术和航空航天、国防工业最契合的优势就在于其能够轻松实现复杂结构的制造，过去依靠传统制造难以实现的复杂几何结构在以灵活著称的 3D 打印技术面前不再是问题，这大幅提升了航空航天业的设计和创新能力。对于工业基础薄弱的国家来说，3D 打印技术有助于缩小其与发达国家的差距。

2. 满足轻量化需求

减重是航空航天业最关键的问题之一，轻量化的组件能够显著降低飞机重量，提升燃油经济性。实现复杂结构意味着减重的潜力可以得到最大限度的激发。粗略统计，飞机重量减少一磅，平均每年可以节省 1.1 万加仑燃油。对于卫星和运载火箭来说，轻量化的意义尤为重大。

3. 提升强度和耐用性

用于 3D 打印的金属粉末材料，如镍铬铁合金（Inconel 718）和 Ti6Al4V

合金粉末，它们具有优异的物理性能。Inconel 718 材料在高温状态下会在表面形成一层氧化物，可以有效地保护零部件，同时保证强度不变。Ti6Al4V 合金粉末具有极高的强度、质量比，同时具备了优异的抗疲劳、抗断裂、耐腐蚀特性。金属 3D 打印技术可以提升航空发动机关键零部件的多项重要特性。

4. 大幅节省成本

相比传统制造手段，3D 打印技术在材料利用率方面具有无与伦比的优势。航空航天业从设计到生产，包括后期维修，都需要用到大量价格昂贵的材料，3D 打印在材料利用率方面的绝对优势与航空航天和国防工业节省成本的需求十分契合。此外，3D 打印省略了开模工序，可以节省大量的时间成本。

5.2.1.4 应用限制

航空航天和国防工业与金属 3D 打印技术联系紧密，应用最广泛的技术包括 DMLS、SLM、SLS 和 EBM。

目前 3D 打印技术大规模应用的最大障碍是打印件的质量问题。航空航天业 3D 打印使用的材料以金属粉末材料为主，其成型件和传统方式加工的产品在特性上存在差异，需要经过长时间的验证后才能应用于关键零部件。3D 打印技术的应用局限性主要体现在材料、成本和结构完整性三个方面。

表 5－7 3D 打印应用局限性

材料	相比非金属材料，可用于 3D 打印的金属材料范围还十分有限，限制了 3D 打印技术的应用
成本	金属 3D 打印设备价格较高，金属材料加工成粉末后价格上升 30 倍以上；价格差异的主要原因是由于 3D 打印产业的规模相对传统制造产业太小，估算比例是 1 比 10 万
结构完整性	激光熔化和传统铸造生产的金属件在金相方面有差异，3D 打印金属件的结构完整性需要经历的验证阶段耗时较长

资料来源：华融证券。

5.2.2 应用案例

5.2.2.1 航空发动机燃油喷嘴

从 2015 年起，每年将有 3 万多个 3D 打印的燃油喷嘴被用在 LEAP 系列发动机上。LEAP 系列发动机是由美国通用电气公司（GE Aviation）与法国

Snecma 合资建立的公司 CFM International 在 CFM56 发动机基础上研制的新一代发动机，用于新一代 150～200 座级单通道客机。LEAP－1 系列发动机分为三个型号，分别是用于空客 A320 的 LEAP－1A（2016 年投入使用），用于波音 B737MAX 的 LEAP－1B（2015 年投入使用）和用于中国商飞 C－919 的 LEAP－1C（计划 2018 年投入使用）。

　　新款 LEAP 发动机是全球首台装有 3D 打印零部件的航空发动机，每台 LEAP 发动机需要 19 个燃油喷嘴。原有的燃油喷嘴由 20 个单独的部件焊接而成，采用 3D 打印技术，整套喷嘴可以一次成型，无需后续焊接，零件数量降为 3 个。改进后的燃油喷嘴使用的材料是钴铬合金，具有质量轻、强度大和耐腐蚀的特性，可在高达 982 摄氏度的环境下正常工作。改进后的燃油喷嘴重量减少 25%，使用寿命是之前的 5 倍，燃油效率也得到了提升。

图 5－5　3D 打印燃油喷嘴用于 LEAP 航空发动机

资料来源：互联网。

5.2.2.2　再制造技术用于国防装备

　　高价值零部件的修复可以延长作战装备的使用寿命，节省军费开支，保持高度的作战机动性。机械零件的损伤主要是在表面，过去只有通过焊接技术将其恢复，而现在有了激光、等离子和电子束等技术。再制造技术（Remanufacturing）就是将这些技术统一应用于高效率、高质量的修复，其对工艺水平和材料质量的要求极高。

　　美国 Optomec 公司的 LENS 修复技术就是再制造技术的一种。通过在受损部位添加材料，可以修复涡轮发动机扇叶等高价值的零部件，修复后的零部件在性能上等同或高于原有的水平。该项技术被美国国防部和航天部门用于修复零部件。

粗略统计,美国军方现役的舰船有 500 多艘,飞机有 16000 多架,陆战车辆有 50000 多台,还有许多其他的军用设施,每年用于军备维修的费用高达 600 亿美元。美国陆军安尼斯顿军械库从 2002 年开始将 LENS 技术应用于 M1 Abrams 坦克零部件的修复,目前已经成功修复了 8 种坦克的发动机零部件,而在过去,这些造价昂贵的零部件一旦受损只能更换。仅这一项应用就为美国国防部每年节省几百万美元。

美国 Trainer Development Flight 是一家专门负责设计、开发和制造美国空军与国防部训练器械的机构。过去通过传统方法生产部件需要耗费大量的时间,且生产成本高昂。采用 3D 打印技术后,这些问题都迎刃而解。3D 打印可以一次生产一个部件,也可以一次生产多个部件,生产时间仅为之前的 1/10。以天线为例,以前生产它需要 20 天,而现在利用 3D 打印技术只需要 2 天就可以完成。在过去四年中,3D 打印技术已经帮助该机构节省了将近 80 万美元。

图 5-6 发动机扇叶修复过程

资料来源:Optomec 公司。

5.2.2.3 战斗机结构件

我国航空航天业在 3D 打印应用方面取得了举世瞩目的成就。2013 年 1 月,北京航空航天大学王华明团队"飞机钛合金大型复杂整体构件激光成形技术"荣获国家技术发明奖一等奖。北京航空航天大学已与中航工业集团成立中航激光公司,对该项技术成果实现产业化。我国成为继美国之后世界上第二个掌握飞机钛合金结构件激光快速成形技术的国家。

根据公开材料,我国已经能够生产优于美国的激光成形钛合金构件,成为目前世界上唯一掌握激光成形钛合金大型主承力构件制造的国家。由于钛合金重量轻,强度高,钛合金构件在航空领域有着广泛的应用前景。目前,先进战机上的钛合金构件所占比例已经超过 20%。根据估算,如果将美国 F-22 战斗机的钛合金锻件改用中国的 3D 打印技术制造,在强度相当的情况下,重量最多可以减少 40%。

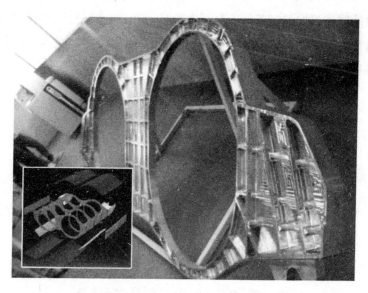

图 5-7　3D 打印技术生产的"眼镜式"钛合金主承力构件加强框
资料来源:Optomec 公司。

传统方式生产钛合金零件主要靠铸造和锻造。铸造适用于大尺寸零件制造,但难以精细加工。锻造切削精度较好,但是零件尺寸受到严格限制。3 万吨大型水压机只能锻造不超过 0.8 平方米的零件,世界上最大的 8 万吨水压机锻造的零件尺寸也不超过 4.5 平方米。传统方式无法制造复杂的钛合金构件,而焊接则会出现钛合金腐蚀的现象。传统方式材料的利用率仅为 5%,约有 95% 的材料都被浪费。

3D 打印技术完全解决了上述难题，它具有极高的材料利用率（95% 以上），加之不需要制造专用的模具，其加工费可降低 90%。粗略估计，加工 1 吨的钛合金复杂结构件，传统工艺需要花费 2500 万元，而 3D 打印技术的成本仅为 130 万元。

5.2.2.4　3D 打印无人机

Aurora Flight Sciences 公司是著名的全球鹰无人机（Global Hawk）机身和尾翼的供应商。2015 年，该公司和 Stratasys 公司合作生产出全球首架 3D 打印喷气式无人机，最高时速可达 240 公里。该项目向人们展示从设计、制造到成功试飞一台无人机可以有多快。利用 3D 打印技术可以节省模具的生产时间，飞机的制作周期缩短了一大半。在设计过程中，3D 打印赋予设计师更多的设计自由，他们不用再考虑产品表面几何特征的限制，在内部结构设计上也可以发挥更多的想象力。

图 5-8　全球首台 3D 打印喷气式无人机

资料来源：Stratasys。

飞机重心的位置是非常重要的参数，飞机设计上的任何一个变化都会导致重心的改变，而在 3D 打印里，设计师可以轻松地控制材料的堆放位置来掌握重心的位置。在传统的飞机制造方法里，将不同零件组装起来是一件非常复杂的过程，在设计时也要充分考虑到组装的可行性，而现在 3D 打印把这些都变得很简单，只有少部分零件需要组装。

5.2.2.5　3D 打印太空车

美国国家航空航天局（NASA）正在积极地推进人类探索火星的计划。而在这个计划中，载人太空车是重中之重，因为它不仅要在不规律的、未知的地形上行驶，还要保证航天员的生活和研究。建造这么一辆既坚固又特殊的太空车，很多零部件都需要定制，如一个结构复杂的耳状外壳，几乎无法用传统工艺制作。而用 3D 打印可以非常迅速地将这些复杂的零部件直接打印出来，并符合技术要求。在某款火星探险车中，有大概 70 个零件是用 Stratasys 公司的 3D 打印机打印出来的，这些零部件不仅能够满足使用要求、降低了重量，还大幅节约了成本。

图 5 - 9　3D 打印火星探险车

资料来源：Stratasys 公司。

5.2.3　未来展望

展望航空航天和国防工业的未来，3D 打印在以下四个应用领域拥有巨大的发展潜力。此外，3D 打印技术的发展也促进了再制造技术的应用，未来再制造技术的军用转民用将催生出新的市场。

5.2.3.1　打印大型部件

目前 3D 打印大型部件还存在若干技术难题，但却是一个明确的应用方向，波音公司已经计划在未来通过 3D 打印的方式生产机翼。中国工程院院士、北京航空航天大学教授王华明认为，大型钛合金结构件激光直接制造技术是一种变革性的短流程、低成本的数字化制造技术，被国内外公认为是对飞机、发动机、燃气轮机等重大工业装备的研制与生产具有重要影响的关键制造技术之一。

2009年，王华明团队利用激光快速成形技术制造出我国自主研发的大型客机C919的主风挡窗框。在此之前只有一家欧洲公司能够做，仅每件模具费用就高达50万美元，而利用激光快速成形技术制作的零件成本不及模具费用的10%。2010年，王华明团队又利用激光成形技术直接制造C919飞机的中央翼条。传统锻件毛坯重达1607千克，而利用激光成形技术制造的精坯重量仅为136千克，且其性能测试结果优于传统锻件。相信随着技术的发展，3D打印大型部件的应用会更加广泛。

5.2.3.2 发动机零部件

除了之前案例应用中介绍到的航空发动机燃油喷嘴，通用电气公司还将3D打印技术应用于另一款发动机GE9X的研发。GE9X是世界上最大的航空发动机，将作为下一代波音777X飞机的发动机。通用电气是少数几家完全拥有3D打印技术的公司之一，按照公司首席执行官Jeff Immelt的说法，3D打印技术让制造"再次变得性感"。虽然说完全用3D打印生产航空发动机还非常遥远，但可以确定的是，未来几年将有更多的发动机零部件会用到3D打印技术。

5.2.3.3 太空探索和战场

3D打印技术在航天领域受到的重视在不断加深。目前人类进行太空探索需要的物资全部需要在地球准备，然后靠运载火箭发射，地球与太空之间的运输成本惊人。在太空生产所需物资只能出现在《火星救援》这类科幻作品中。3D打印技术的出现让这一愿望有了实现的可能，设想一下，如果把3D打印机运送到太空，就地取材，根据需要打印所需的物资和设备，将极大降低航天成本，并给太空探索带来革命性的变化。

目前，一家名为Made in Space的公司已经成功实现了在零重力状态下打印物品。欧洲航天局（ESA）近期也公布了使用3D打印技术在月球建造人类居住地的计划，将从 2020 年起，以月球土壤为原料，创造能够取代国际空间站的永久基地。相信未来 3D 打印将在航天业扮演极为重要的角色。

在物资的准备和运输上，战场环境和太空探索类似。未来战场完全可以采用 3D 打印技术，现场打印所需的装备和物资。配备 3D 打印设备的车辆和运输机将成为未来战场的标准配置。

5.2.3.4 无人机 +3D 打印

近年来无人机行业发展迅速，备受关注。之前案例应用中介绍过的 3D 打印无人机，已经让世人见识到 3D 打印技术应用于无人机领域所带来的革命性影响。英国 BAE System 公司提出了一个极具代表性的概念设计，即利用 3D 打印技术，在一台大型飞机（或无人机）上搭载 3D 打印设备，在执行任务的时候根据任务需要打印出小型无人机，打印出来的小型无人机可以应用于重大灾难时的救援，甚至应用到军事领域，其探测到的数据信息会传回给母机，该设想被形象地称为"无人航空母舰"。3D 打印技术作为未来制造业不可或缺的工具，将给无人机的发展带来巨大的推动力。

5.3 3D 打印在汽车行业的应用

5.3.1 应用概述

5.3.1.1 汽车行业是 3D 打印技术最早的应用领域之一

相对于传统生产的"减材制造"，3D 打印技术属于"增材制造"（Additive Manufacturing），被公认为是 21 世纪最具有颠覆性的高科技技术。3D 打印技术不仅能够适应定制化生产，还具有高度的灵活性，在降低成本、缩短周期、提高工作效率、生产复杂件方面具有优势，被广泛应用于航空航天、汽车、军工、消费品、医疗等领域。

汽车行业是一个开放的行业，其庞大的产业生态为新技术的发展提供了肥沃的土壤，对于 3D 打印技术也不例外。在 3D 打印技术众多的应用领域中，汽车行业是最早的应用者之一。早在 3D 打印技术发展的初期，一些欧美发达国家就开始将3D打印技术应用于汽车研发过程。其中，应用最早、最深入、范围最广的汽车企业是福特汽车公司。早在1988年3D打印出现之初，福特汽车公司就购入全球3D打印史上的第三台3D打印机。

图5-10　福特3D打印原型中心员工正在清理3D打印的模具原型

资料来源：华融证券。

在福特汽车公司密歇根州的Dearborn Heights工厂，14台不同型号的工业级3D打印机每年要打印2万件零部件，这还只是福特公司5个3D打印原型中心中的一个。目前，福特已利用ExOne公司的3D打印技术为自己汽车的引擎打印模具和样品。同时，福特与Carbon3D公司合作，采用后者开发的连续

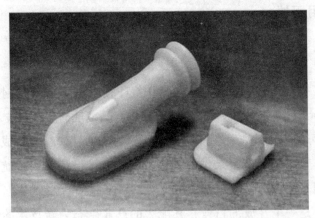

图5-11　福特采用CLIP 3D技术打印福克斯电动车橡胶垫圈

资料来源：凤凰汽车，华融证券。

液态界面 3D 打印技术（Continuous Liquid Interface Production，CLIP）量产制造出用于福克斯电动车型的橡胶垫圈和用于 Transit Connect 车型的阻尼缓冲器。

图 5－12　福特 Transit Connect 车型的阻尼器使用 CLIP 技术
资料来源：凤凰汽车，华融证券。

截至目前，福特公司使用 3D 打印技术主要还集中在打印产品原型方面，使用的材料多为塑料材料。未来，随着金属打印技术的发展，公司计划使用金属材料直接打印最终产品或零部件，向具有与更高价值的应用转变。

除福特公司外，其他汽车公司巨头，如 BMW、GM、大众、丰田、Tesla、法拉利、兰博基尼、保时捷等也都将 3D 打印技术应用于自己汽车的研发制造中。

5.3.1.2　3D 打印汽车史：3D 打印正给汽车行业带来革命性变化

3D 打印在汽车领域最开始的应用主要集中在研发阶段的造型评审和设计验证。随着 3D 打印技术的不断发展、车企对 3D 打印技术认知度的提高以及汽车行业自身发展的需求，3D 打印技术在汽车行业的应用向功能性原型和功能零部件扩展。而 3D 打印技术在汽车行业的终级应用形态是 100％ 的 3D 打印汽车，目前尚难以预测这一终极应用实现的具体时间。

近几年，随着"工业 4.0"的提出，作为高端智能制造技术之一的 3D 打印再次被推到"风口"。2013 年，世界第一辆 3D 打印汽车——Urbee 2 诞生；2014 年，世界第一辆 3D 打印电动汽车——Strati 问世；2015 年，全球首款

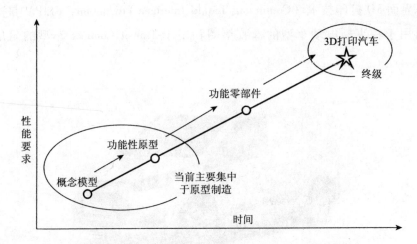

图 5−13   目前 3D 打印在汽车行业应用主要集中于原型制造

资料来源：华融证券。

3D 打印超级跑车 Blade、3D 打印概念赛车、3D 打印太阳能汽车概念设计等陆续登上汽车舞台。尽管这些 3D 打印汽车，只是大部分零件由 3D 打印技术制成，并不是完全意义上的 3D 打印汽车，但是它们的登场让我们看到了 3D 打印技术正在以前所未来的速度给汽车行业带来革命性的变化。

图 5−14   3D 打印汽车史

资料来源：华融证券。

1. 世界第一辆 3D 打印汽车——Urbee 2

2013 年 3 月，世界第一辆 3D 打印汽车——Urbee 2 问世。全车仅由 50 多个零部件组成，相对于传统技术制造一辆汽车所需的上万个零件来说，相当精简。其中，除底盘、发动机、电子设备等金属件采用传统方式制造外，其余部件均是由 3D 打印技术打印而成。

图 5 - 15　世界第一辆 3D 打印汽车 Urbee 2

资料来源：华融证券。

其实，Urbee 2 的前身 Urbee 早在 2010 年就已推出，只是它属于概念车，不能进行量产。Urbee 2 的整个生产成型耗时 2500 小时，成本大致在 5 万美元。该车为混合动力，电力驱动时，可提供 6 ~ 12 千瓦的动力，最大行驶里程可达 64 公里。

2. 世界第一辆 3D 打印电动汽车——Strati

2014 年，在美国芝加哥举行的国际制造技术展览会（International Manufacturing Technology Show，IMTS）上，Local Motors 汽车公司展出了世界第一辆采用 3D 打印技术打造的电动汽车——Strati。

Strati 的整个制造过程仅用了 44 个小时。车身采用 3D 打印一体成型，全车仅 40 多个零件，除动力传动系统、悬架、电池、轮胎、车轮、线路、电动马达和挡风玻璃外，包括底盘、仪表板、座椅和车身在内的余下部件均由美国 Cincinnati 公司提供的 3D 打印机打印，所用耗材为碳纤维增强热塑性塑料，技

图 5‑16 世界第一辆 3D 打印电动汽车 Strati

资料来源：华融证券。

术路线为 FDM。Local Motors 公司希望 Strati 量产后的售价在 1.8 万 ~ 3 万美元。

3. 全球首款 3D 打印超级跑车——Blade

2015 年 7 月，美国 Divergent Microfactories 公司推出全球首款 3D 打印超级跑车——Blade。

图 5‑17 全球首款 3D 打印超级跑车 Blade

资料来源：华融证券。

Blade 车身大部分由碳纤维制造，底盘由大约 70 个 3D 打印的"铝节点"拼接构成，质量轻，整车约 640 千克。Blade 搭载一台 700 马力双燃料发动机（汽油或压缩天然气），0 ~ 96 千米/小时加速时间仅需 2 秒。Blade 整个制造过程在 40 小时左右。

4. 3D 打印概念车：1 升油跑 640 千米，助力在环保马拉松赛夺冠

2015 年 7 月，鹿特丹举行的壳牌环保马拉松赛（欧洲站）上，一辆来自波兰的 Iron Warriors 团队使用 Zortrax M200 3D 打印机打印的概念车凭借 1 升油跑 640 千米的成绩一举夺冠。该团队采用 3D 打印技术打印了该车的大部分零件，在保持零件机械性能的基础上，整车重量得到大幅降低。

图 5-18　3D 打印概念车：1 升油跑 640 千米

资料来源：华融证券。

5. 3D 打印太阳能超跑"Immortus"概念设计

2015 年 8 月，澳大利亚初创公司 EVX Ventures 发布了一款名为"Immortus"的 3D 打印太阳能超跑概念设计。该车只要是晴天，就可以不间断运行。

图 5-19　3D 打印太阳能超跑"Immortus"概念设计

资料来源：华融证券。

3D 打印技术在 Immortus 制造过程中的作用主要是打印节点或连接机构进行组装，达到降低整车重量的效果。

纵观 3D 打印技术在汽车行业近 30 年的应用史，目前还主要集中于研发环节的概念模型和功能性原型的制造，功能零部件的直接生产应用相对较少，而其终极应用——3D 打印汽车在近几年虽有个例，但仍处于概念阶段，距其实际推向市场尚需时日。

5.3.1.3　3D 打印在汽车行业应用的市场空间广阔

3D 打印目前主要应用于工/商业机器、消费品/电子、汽车、航空航天、军工、教育、生物医疗等领域。其中，汽车由于自身规模大、研发投入多、应用 3D 打印技术时间早等特点，在 3D 打印技术应用中占有重要地位。据全球著名咨询机构 Wholers 发布的"Wholers Report 2015"统计，2014 年的 3D 打印收入中，汽车行业占比为 16.1%，排名第 3，仅次于工/商业机器（17.5%）和消费品/电子行业（16.6%）。另据 Industry Week 统计，在 2104 年 3D 打印原型收入中，汽车及运输领域占比超过 3 成，在所有应用领域中排名第一。

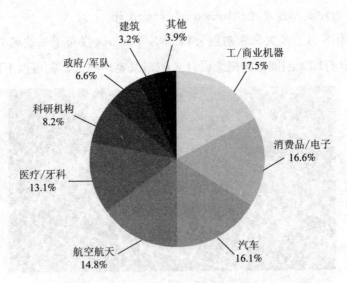

图 5-20　2014 年 3D 打印在各应用领域中的收入分布
资料来源：Wholers，华融证券。

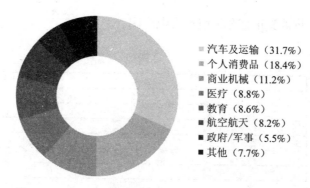

■ 汽车及运输（31.7%）
■ 个人消费品（18.4%）
■ 商业机械（11.2%）
■ 医疗（8.8%）
■ 教育（8.6%）
■ 航空航天（8.2%）
■ 政府/军事（5.5%）
■ 其他（7.7%）

图 5－21　2014 年 3D 打印原型收入中汽车及运输占比超 3 成

资料来源：Industry Week，华融证券。

此外，根据 SMARTECH 的报告，2014 年 3D 打印技术在汽车行业的总市场收入为 3.7 亿美元，预计到 2023 年有望达到 22.7 亿美元，年均复合增长率超过 20%。

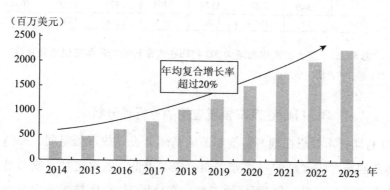

图 5－22　3D 打印技术在汽车行业应用的市场空间预测

资料来源：SMARTECH，华融证券。

汽车行业市场空间巨大，为 3D 打印在汽车行业的应用提供了广阔的市场基础。2014 年，全球销售汽车 8824 万辆，在研发、生产环节的生产总值超过万亿美元。假设未来全球汽车产值保持 2014 年的水平，那么 3D 打印只要在其中占有一小部分市场份额，如 1%，那就有超过百亿美元的市场空间。而随着 3D 打印技术的发展和在汽车行业的应用深入，从现有的市场空间较小的概念模型和功能性原型制造向功能零部件直接打印扩展，那么 3D 打印在汽车领域的市场空间将被真正打开，前景无限广阔。

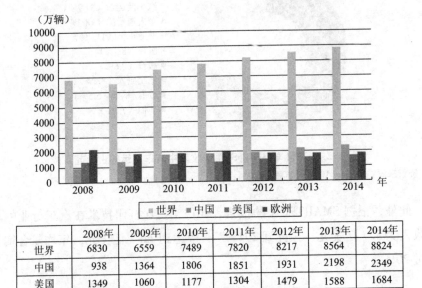

	2008年	2009年	2010年	2011年	2012年	2013年	2014年
世界	6830	6559	7489	7820	8217	8564	8824
中国	938	1364	1806	1851	1931	2198	2349
美国	1349	1060	1177	1304	1479	1588	1684
欧洲	2187	1864	1881	1974	1866	1834	1848

图 5 - 23　庞大的汽车市场为 3D 打印在汽车行业的应用提供市场基础
资料来源：中汽协，华融证券。

5.3.1.4　3D 打印在汽车领域应用的可行性分析

3D 打印技术要想在现有传统制造的基础上去寻找市场空间，必然要有比现在传统制造方式优越的一面或多面：成本更低，效率更高，或者是传统方式无法完成而 3D 打印可以完成的工艺。在分析 3D 打印技术在汽车行业的应用时，可从成本、效率、工艺等几个方面进行考虑。

现有 3D 打印技术水平应用于汽车行业，其优势主要体现在以下几个方面：

（1）小批量、个性化制造方面具有成本优势。

（2）现场按需打印，无需交付时间，在缩短周期、提高效率方面具有优势。

（3）复杂件制造方面，3D 打印不因部件复杂度而增加成本，传统方式或成本过高，或无法制造。

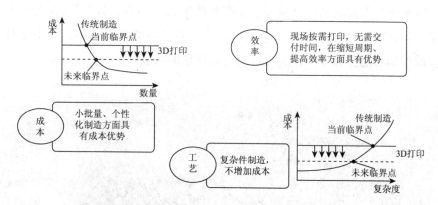

图 5－24　3D 打印技术在汽车行业应用的可行性分析

资料来源：华融证券。

5.3.2　案例分析：3D 打印在汽车行业的应用贯穿整个生命周期

上述部分主要对 3D 打印技术在汽车行业的应用史、市场空间以及可行性分析做了简单的介绍，接下来，我们将从整个汽车生命周期对 3D 打印技术在汽车领域的应用案例做具体分析。

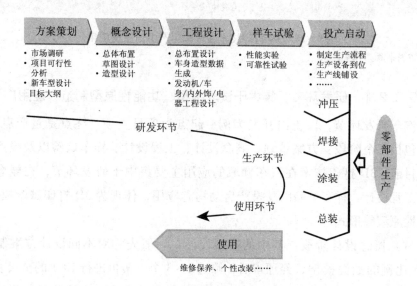

图 5－25　3D 打印技术应用于汽车整个生命周期

资料来源：INDUSTRY WEEK，华融证券。

汽车整个生命周期包括研发、生产和使用三个环节，3D打印在每一个环节当中均有应用。目前来看，3D打印技术在研发环节应用较多，集中于打印试验模型和功能性原型，作为设计验证和评估的手段。

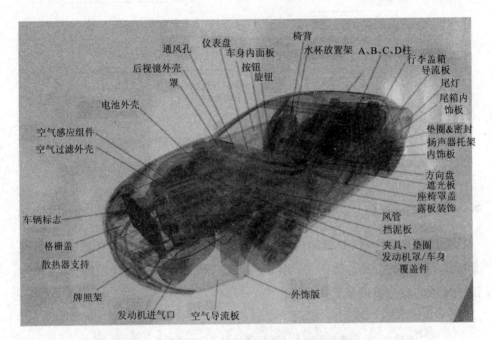

图 5‑26　3D打印技术在汽车生产中的主要应用

资料来源：华融证券。

5.3.2.1　研发环节：集中于试验模型、功能性原型制造，应用广泛

汽车研发环节，以正向开发为例，起点为项目立项，终点是量产启动，一般包括五个阶段：方案策划、概念设计、工程设计、样车试验以及投产启动。目前，3D打印技术在汽车领域的应用主要集中于研发环节，在概念设计、工程设计、样车试验以及投产启动均有应用，体现为3D打印试验模型、功能性原型等形式。

（1）概念设计阶段：其中的造型设计，一般先针对不同设计方案制作1∶5比例的油泥模型，经评审后，筛选2~3个方案再进行1∶1的全尺寸油泥模型制作。然后进行风动测试，修改，确定最终方案。在该阶段油泥模型的制造可采用3D打印，节省开发时间和成本，同时易修改。

（2）工程设计阶段：该阶段主要是完成整车各总成及零部件的设计，协调各总成之间以及总成与整车之间的矛盾。其中涉及的车身数据检验模型、零部件样件等均可采用 3D 打印。

（3）样车试验阶段：包括性能试验和可靠性试验。其中涉及的对前述设计环节检验未达要求进行修改的过程可应用 3D 打印。

（4）投产启动阶段：其中涉及各种模具、检具的开发以及小批量试产验证可靠性均可应用 3D 打印。

1. 本田汽车使用 3D 打印进行个性化汽车附件开发

面对汽车个性化定制需求的逐渐兴起，世界范围内各大汽车制造商纷纷使用 3D 打印技术来开发自己的新产品。其中，日本本田汽车早在 2006 年就开始在汽车研发中使用 3D 打印技术。为满足不同地区消费者的不同需求，本田公司采购了 Stratasys 公司的 Objet Eden5000V 型 3D 打印机，帮助其在各标准车型配置的基础上研发具有地方特色的汽车附件。据悉，每辆车最多可以有 300 个这样的附件，包括车身内外饰件、镜子、车轮、旋钮等。

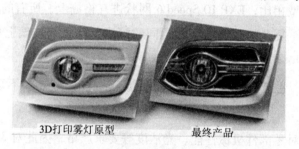

3D打印雾灯原型　　　　最终产品

图 5 - 27　本田 3D 打印雾灯原型与最终产品比较
资料来源：南极熊，华融证券。

据本田公司产品计划研发部高级研究员 Hiroshi Takemori 介绍，与传统的 CNC 方法相比，采用 3D 打印技术，设计师们可以快速修改设计方案并反复大量迭代，在确保原型产品设计质量的同时，大大缩短了产品设计和原型开发所需的时间，提高研发效率。

2. 概念车开发：宾利推出 3D 打印概念车 "EXP 10 Speed 6"

2015 年，日内瓦国际车展上，世界著名豪华汽车制造商宾利推出全新概念车 "EXP 10 Speed 6"。据公司介绍，该车各个功能部件均用金属 3D 打印技术制造完成，包括其标志性的进气格栅、排气管、门把手和侧通风口等，代表了宾利品牌未来设计语言与巅峰动力性能的全新愿景。

网状进气格栅包含
复杂的几何形状和不同的深度

大灯玻璃
内饰皮革花纹

图 5-28 宾利 3D 打印概念车 "EXP 10 Speed 6"

资料来源：华融证券。

与之前车型相比，EXP 10 Speed 6 网状进气格栅上，所有的格子不再是一个平面，包含了复杂的几何形状和不同的深度。其大灯玻璃上使用宾利内饰皮革花纹，透出 3D 质感。

5.3.2.2 生产环节：集中于小批量/定制化/对成本不敏感的高端跑车、赛车

生产环节对零部件机械性能、光洁度等要求严格，因此对 3D 打印技术水平的要求高，其对应的成本也较高。因此，目前 3D 打印技术在该环节的应用主要集中于一些小批量、定制化、对成本相对不敏感的高端跑车、赛车上，市场空间尚小。我们认为随着 3D 打印技术日趋成熟，在打印性能、成本方面有望达到汽车直接生产应用的要求，则该环节的市场空间将变得广阔。

1. 兰博基尼使用 3D 打印制造最终零部件

在众多超豪华跑车制造商中，兰博基尼算是使用 3D 打印技术较早且深入的一家。公司 2007 年就购入一台 Stratasys Dimension 1200es 3D 打印机应用于产品的开发环节。2010 年，公司又相继购入 Stratasys 的 Fortus 360mc 和 Fortus 400mc 制造系统，用于构建更大尺寸的零部件。

图 5－29　3D 打印的兰博基尼发动机管道

资料来源：华融证券。

　　3D 打印技术不仅为兰博基尼的设计团队提供了无限自由的设计空间，也为制造团队快速制造出高品质的零部件提供了帮助。除了在研发阶段应用 3D 打印技术外，兰博基尼还应用其直接生产部分零部件，包括保险杠节、方向盘、内外饰件、通气栅、车门面板、座套、空气加热器等，多为外观件。

　　2. 日产使用 3D 打印制造 DeltaWing 赛车零件

　　2014 年 5 月，日产汽车公司与一家总部位于澳大利亚墨尔本的 3D 打印服务公司 Evok3D 合作，后者专门为日产公司的 Motorsports（Nismo）提供打印服务，包括建造原型以及直接制造零件。

图 5－30　Evok 3D 为日产的 DeltaWing 赛车提供 3D 打印服务

资料来源：华融证券。

3D打印一大特点是可以快速地生产所需零件，适合于在短时间内小批量定制化生产，因此在赛车开发、制造先进部件方面具有优势。日产与Evok3D合作，Nismo团队获得了极大的竞争优势。

5.3.2.3　使用环节：对高端车或进口车的售后维修、改装汽车是很好的应用点

汽车使用环节面对的是整个汽车后市场，包括汽车金融、二手车、汽车售后服务（售后维修）、改装车等细分市场。其中，3D打印技术可应用于售后维修、改装车领域。目前3D打印在这一环节的应用相对很少，市场小，主要原因包括：①目前3D打印机和原材料成本还是比较高；②打印出来的部件质量缺少检测标准；③汽车零部件知识产权保护；④维修、改装相关从业人员对3D打印技术认知不足。

高端车、进口车以传统方式维修，周期长，相对成本高。3D打印技术按需直接打印的特点可以弥补传统维修周期长这一缺点，同时在成本方面与传统方式比较也占有一定优势。因此，高端车、进口车的售后维修是目前3D打印在汽车使用环节上一个主要的应用点。此外，3D打印适用于个性化或小批量生产和其设计灵活的特点使其在改装车方面与传统方式相比占有一定优势，因此也是目前可以看到的一个应用点。

1. 维修：3D打印"修复"保时捷Carrera气缸盖

Carrera系列是当今保时捷车系当中历史最悠久的车型，也是一直延续后置发动机的车型。自从第一辆"911"问世以来，Carrera已经历了40多年的历史。Carrera系列很多车型已经停产，很多零部件已不再提供。因此，对于拥有这样一款停产车型的客户来说，如果某部件坏了，只能重新定制或者通过逆向工程进行复制。此时，3D打印相对来说是最适合的解决方法。

图 5-31　保时捷 356 Carrera

资料来源：华融证券。

在其气缸盖损坏需要更换时，使用 3D 打印生产的步骤大致是：①对原损坏的气缸盖进行测量、扫描，完成几何重建；②3D 打印型芯；③气缸盖成型并后处理，得到最终零件。

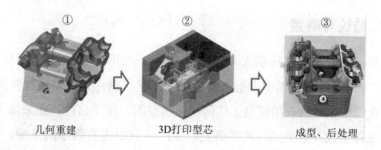

几何重建　　　　　3D打印型芯　　　　　成型、后处理

图 5-32　使用 3D 打印技术修复 Carrera 气缸盖过程

资料来源：华融证券。

2. 改装：杰夫·邓纳姆利用 3D 打印技术改装出会说话的汽车

杰夫·邓纳姆是一位著名的喜剧演员，他利用三维扫描和 3D 打印技术成功改装出一辆会说话的汽车——Hot rod。

图5‑33 杰夫·邓纳姆利用3D打印技术改装出会说话的汽车"Hot rod"

资料来源：华融证券。

Hot rod最显眼的地方就是其引擎盖上的"艾哈迈德头"。邓纳姆首先采用3D打印技术按设计打印出"艾哈迈德头"，同时在汽车的进气口增加了一个功能性部件，汽车吸气时"艾哈迈德头"便发出声音。

5.3.3 结论与展望

汽车行业由于自身规模大、研发投入多、应用3D打印技术时间长等因素，在3D打印技术应用中占据重要位置。汽车行业巨大的市场规模为3D打印技术在汽车领域的应用提供了广阔的市场空间。保守估计，在未来3D打印即使只在每年过万亿美元的汽车研发、生产环节中占有很小的份额，如1%，那其每年在汽车领域的市场规模将超百亿美元。

3D打印技术在汽车行业的应用贯穿汽车整个生命周期，包括研发、生产以及使用环节。从应用范围来看，目前3D打印技术在汽车领域的应用主要集中于研发环节的试验模型和功能性原型制造，在生产和使用环节相对较少。未来，3D打印技术在汽车领域仍将被广泛应用于原型制造。随着3D打印技术不断发展、车企对3D打印认知度提高以及汽车行业自身发展需求，3D打印技术在汽车行业的应用将向市场空间更大的生产和使用环节扩展，最终在零部件生产、汽车维修、汽车改装等方面的应用将逐渐增多。

目前，3D 打印技术尚不够成熟、打印速度不高、设备与原材料成本过高、生产质量不稳定等依然是制约其在汽车行业大量推广和应用的主要因素。中短期内，3D 打印技术在汽车领域的应用不可能完全替代传统制造方式。在汽车行业生态圈中，3D 打印更多应该是根据自身优势找准应用点，与现有传统方式相结合，共同提高生产效率、降低成本、发展新工艺。

5.4　3D 打印在教育行业的应用

5.4.1　3D 打印技术推动教育的创新

根据 2015 年 Gartner 大数据曲线，3D 打印技术已经进入了稳步爬升光明期，并有望在未来 2～5 年内进入实质的生产高峰期。早在 2011 年，英国《经济学人》和 Jeremy Rifkin 所著的《第三次工业革命》中便预言 3D 打印技术会成为推动"第三次工业革命"的核心技术之一。目前，该技术被广泛应用于消费电子产品、汽车、航空航天、医疗等领域。

3D 打印技术的快速发展和进一步普及也启发了众多的教育工作者，各国开始关注并探讨该技术在教育领域的应用潜能。继 2013 年 3D 打印技术首次被美国《地平线报告》列入"待普及"的技术清单后，2015 年 3D 打印技术再次入选，并被列为 2～3 年内会采用的中期技术（表 5－8）。报告指出"创客空间"（Makerspaces）可能成为 3D 打印技术在教育领域的推广形式。"创客空间"又称"黑客空间""黑客实验室""工厂实验室"，立足于社区，聚集技术与创业爱好者群体，包括社会人士以及高校师生，并为他们提供聚会、分享、探讨和创新机会的场所。在创客空间，3D 打印技术的普及可以让参与者亲自体验设计、建模、制造的全过程，并在讨论和分享过程中激发他们的创造和创新潜能。现在，高等院校也正在利用创客空间形式，建立跨学科的创客空间中心，为师生创造更多学习和实践的机会。

表5-8　《地平线报告》历年关注的六大技术汇总

	2011 年	2012 年	2013 年	2014 年	2015 年
未来1年内会广泛采用的近期技术	云计算 移动技术	移动设备 app 平板电脑	云计算 移动学习	BYOD（自带设备）云计算	BYOD（自带设备）翻转课堂
未来2~3年内采用的中期技术	基于游戏的学习 开放内容	基于游戏的学习 学习分析：大数据	学习分析：大数据 开放内容运动	游戏和游戏化 学习分析	创客空间（3D打印）可穿戴技术
未来4~5年内进入教育主流应用的远期技术	学习分析 个性化学习	基于手势的计算 物联网	3D打印虚拟和远程实验室	物联网 可穿戴技术	自适应学习技术 物联网

资料来源：地平线报告，华融证券。

事实上，3D打印技术的发展与教育应用是相辅相成、相互促进的关系。3D打印进入校园，一方面可以让学生体验更为直观、感性的认知学习方式，在增加学习乐趣的同时提升教学效果；另一方面学生在参与从设计到打印的过程中也得到了动手实践能力的提升，而3D技术本身也为"想象到现实"提供了无限可能，将同学们的开发创造变成实物，培养同学们的想象力和创造力。由此可见，3D打印技术对于推动教育的创新变革具有重要的意义。而从另一个角度来看，3D打印在教育领域的推广，也是为技术的未来发展培养潜在的人才，从长远来看，有利于促进3D打印技术的进步和发展。

麦克卢汉曾说"任何技术都倾向于创造一个新的人类环境"，虽然目前3D打印技术在教育方面的应用尚存在成本较高、缺乏统一标准和教材、教育及培训人才匮乏等问题，但其在教育领域应用的意义和潜力还是被普遍关注和看好的。

5.4.2　3D打印在教育领域的应用模式

总结3D打印在教育领域的应用，主要可以分为课程开发与培训、教学实践与应用、科学研究及创新三类，遵循"认知—实践—创新"的递进层次。

1. 课程开发与培训

3D打印作为一种新兴技术，近年来开始在校园得到初步应用。与该技术相关的课程设计开发与培训可以让同学们更为系统地了解3D打印技术及其操作过程，激发他们的学习兴趣，为技术的推广和普及奠定基础。目前，关于 3D 打印技术的课程与培训已经渗透到小学、初中、高中、大学等不同阶段。

学校方面，美国弗吉尼亚大学（University of Virginia）一直致力于将 3D 打印机引进夏洛茨维尔从幼儿园到 12 年级的一些教育项目中。例如，教幼儿园的孩子们如何设计和打印弹弓，希望孩子们在感受到趣味学习的同时能提早学习未来制造业的相关知识①。在高等教育领域，美国很多工程类大学开设了相应的制造工程课程，本科生和研究生开始接受 3D 打印的课程教育，例如，德克萨斯大学奥斯丁分校的固体自由成型 ME 397/379M 课程，乔治亚技术研究所的快速原型工程 ME7227 课程。英国则在 2013 年公布了新的教学方案，侧重对孩子工程方面的教育，包括对 3D 打印、激光切割机和机器人等尖端设备的使用和学习。方案设计从 2014 年起，为 5～14 岁的儿童增加关于最新技术发展的知识普及，其中 5～7 岁孩子学习使用相关工具和设备，并尝试构建机械机构，7～11 岁学生进一步学习将电子系统引入产品中②。近年来，国内中小学也开始将 3D 打印技术引入课堂中。如深圳锦田小学创新性地开设了 3D 打印课程；南京秦淮区则建立了"3D 打印数字坊"，其研究基地设在马府街小学，该校在每周三下午开设 3D 社团打印课；2014 年北京市朝阳区实验小学引进了 3D 打印技术，并将其应用到包括科学课、美术课、综合课在内的多种学科的课堂教学中。目前，3D 打印技术已经进入香港、上海、北京、青岛、淄博、宁波、南京等地的中小学教育课堂。除此之外，部分职业院校更是开始创设相关专业。2013 年秋季，青岛电子学校新增了"3D 打印技术"专业。

公司方面，2014 年 3D Systems 公司宣布推出专门针对 K－12（相当于中国小学到高中）阶段学生的 3D 打印教育课程，并推出了与之配套的 MAKE.

---

① 腾讯网 . 3D 打印机进入美国小学，制造业面临颠覆式革新［EB/OL］. http：//tech. qq. com/ a/20130218/000088. html.

② 天工社网 . 英国将在小学教育中加入 3D 打印内容［EB/OL］. http://maker8. com/article－144 －1. html.

DIGITAL 网站①。这一计划也得到了 Einstein Fellows、IDEA 公司、FIRST Ro-botics、年轻艺术家与作家联盟（Alliance for Young Artists & Writers）等公司的支持，其中 FIRST Robotics 表示将为全美的学生科技团队提供 400 台 3D 打印机。年轻艺术家与作家联盟将同 3D Systems 一起为 7 ~ 12 年级的学生提供 3 台 Cube 3D 打印机作为奖品，奖励那些能够利用新技术大胆表达、全新创意与理念的学生。Einstein Fellows 则为 1 ~ 12 年级的学生提供各种共同开发的课程模块，其中将包括培训 Cube 3D 打印机以及 Cubify 设计软件的使用技巧。同年，3D 打印机公司 SeeMeCNC 推出了一套完整的支持 STEM 教学的 3D 打印技术培训教程 SeeMeEducate②（图 5 - 34）。其中包括一个 150 多页的课程，帮助初学者一切从基础做起（如软件和机器操作），直至完整地制造出项目。

图 5 - 34　SeeMeEducate 课程示意

资料来源：天工社，华融证券。

2. 教学实践与应用

除应用于教育培训外，利用 3D 打印技术制造教学或学习工具也是重要的

---

① 资讯频道 . 3DS 为中小学教育提供 3D 打印课程［EB/OL］. http：//www. 3dpmall. cn/news/20140504/12850＿1. html.

② 上拓科技 . SeeMeCNC 开发首个 3D 打印学校课程［EB/OL］. http：//www. suntop – tech. com/news/214. html.

应用模式之一。一方面，教师可以通过该技术打印复杂、多样的教学用具，让教学过程变得更为生动直观；另一方面，学生在动手实践的过程中也可以把自己的想象和设计转化为现实作品。截至目前，3D 打印技术已经广泛应用于文科、理科、工科的多个领域的多个学科中。

例如，生物系的学生可以 3D 打印器官，用于模拟实验和研究；化学系学生可以打印分子结构以便观察；地理系学生可以绘制三维地图；考古系学生可以打印出文物模型；而艺术设计的学生则可以将自己的想象和创意做成实物等。3D 打印在各个学科教学中的应用如图 5－35 所示。

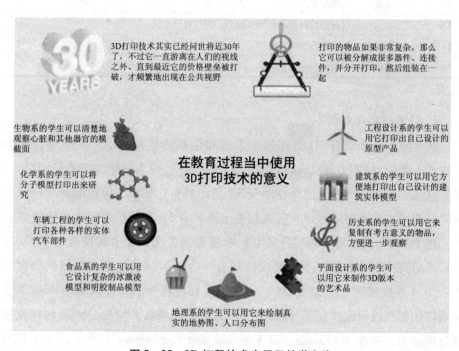

图 5－35　3D 打印技术应用于教学实践

资料来源：sophic capital，华融证券。

表 5－9　3D 打印在各学科教学中的应用

	学科	应用
1	电子	制作替代部件、模型夹具和设备外壳等
2	化学	制作 3D 立体分子模型等
3	生物、医学	打印分子、器官或其他模型
4	数学	根据数学方程打印模型，解决几何曲面等问题

续表

	学科	应用
5	航空	打印飞机模型，作为空气动力学的试验模型
6	地理	制作立体的地形图、人口统计图等直观模型
7	烹饪	制作出菜品展示模型，打印出巧克力造型甚至人造食品
8	机电工程	根据设计作品快速制作出原型，或可直接使用的齿轮、连杆等部件
9	建筑设计	打印设计作品的微缩3D模型
10	历史、考古	复原历史上的工艺品、古董，复制易碎物品
11	动画设计	打印出作品的3D模型，如人物、动画角色模型
12	天文	根据观测数据，打印天体模型
13	力学	根据设计制作桥梁等模型，进行力学实验
14	车辆工程	打印汽车零部件
15	艺术表演	打印表演道具等

资料来源：华融证券。

3. 科学研究及创新

高等院校是承载着3D打印技术发展和创新的重要基地。1992年，美国麻省理工学院（MIT）的Scans E. M. 和Cima M. J. 等人最早提出了3D打印技术的概念。其后，国内外的院校围绕3D打印材料、技术、应用展开了广泛的研究并取得了重要进展，也在很大程度上推动着3D打印技术的进步和推广。

在3D打印技术发展较早且技术相对领先的美国，众多高校成立了3D打印技术研究中心，通过自主研发或协同合作取得了一系列令人瞩目的研究成果。2014年麻省理工学院（MIT）机械工程和应用数学教授Anette Hosoi[①] 受美国国防部高级研究计划局（DARPA）的委托，带队开发出一种可切换软硬状态的材料，并在 *Macromolecular Materials and Engineering* 上发表论文。其自组装实验室的Skylar Tibbits团队更是在3D打印的基础上，开发出多个"时间"维度的4D打印技术[②]。哈佛大学工程与应用科学学院和Wyss生物工程

---

① 天工社. MIT用3D打印开发可切换软硬状态的材料［EB/OL］. http：//maker8. com/article－1483－1. html.

② IT之家. 麻省理工展示4D打印：家具"活了"［EB/OL］. http：//www. ithome. com/html/it/112087. htm.

研究所在增材制造和 3D 生物打印领域都有开创性的研究成果，不仅成功打印出完整的毛细血管活组织，实现心脏组织的修复，哈佛大学和伊利诺伊大学的联合研究小组还成功利用 3D 打印技术制造了微型锂电池。康奈尔大学创意机器实验室也在该领域进行了开拓式的研究。实验室主任 Hod Lipson 教授是全球 3D 打印领域首屈一指的专家，完成了一系列突破性的研究进展，包括在 2013 年打印出功能完整的扬声器等。谢菲尔德大学先进增材制造中心，在 3D 打印技术研究领域也处于世界领先地位，目前其研究项目涉及牙科生物打印及生物医学领域应用等。2014 年制造研究中心与波音公司合作，成功打印出小型无人驾驶飞机。此外，康涅狄格大学、宾州州立大学、北卡罗莱纳州立大学、西卡罗莱纳大学、爱荷华大学、北爱荷华大学和爱荷华州立大学等学校也纷纷建立研究平台[1]，加大对 3D 打印研究的投入。

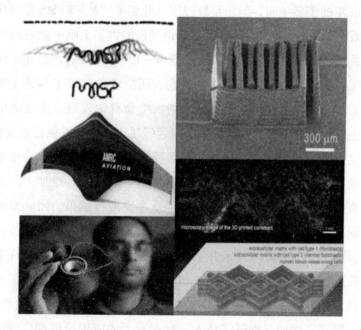

图 5 - 36　美国高校 3D 打印研究成果
资料来源：天工社，华融证券。

---

[1]　天工社．在 3D 打印研究领域加大投入的 13 所一流大学 ［EB/OL］．http：//maker8.com/article - 1583 - 1.html.

国内关于 3D 打印技术的研究启动相对较晚，在美国、日本提出 3D 打印概念十年后，即 20 世纪八九十年代，相关 3D 打印技术的研究开始在中国兴起。1986 年世界第一家 3D 打印设备公司 3D Systems 在美国成立，一批在美国游学访问的中国学者率先受到启发，他们中的一些人也成为后来国内研发的先驱和领军人物。清华大学、北京航空航天大学、华中科技大学、西安交通大学、西北工业大学等高校也成为国内 3D 打印技术的重要科研基地。其中，清华大学主要聚焦于塑料堆积技术和生物医学领域，北京航空航天大学主攻金属 3D 打印机领域，华中科技大学的优势在于激光粉末烧结技术，西安交通大学的研究则主要围绕光固化领域开展[①]。

清华大学机械工程系在金属机械锻压以及材料成型领域具有较强实力，其中颜永年教授带领的团队更是在金属快速成型领域取得很多重要成果。1988—2000 年的十多年间，颜永年教授团队开创了"M – RPMS 型多功能快速原型制造系统"，这也是我国具有自主知识产权的世界上唯一拥有两种快速成型工艺的系统，随后他们又完成了改进型 M – RPMS – Ⅱ 的产品化工作。1998 年，颜永年提出"生物制造工程"的概念，团队成功制作了耳郭支架、人造骨骼、血管、心肌等，将快速成型技术引入生命科学领域。现在清华大学颜永年团队主要为海源机械、科达机电、南通锻压 3 家公司提供技术支撑。

北京航空航天大学材料科学与工程学院王华明教授团队十几年来致力于飞机、发动机等装备中的钛合金、超高强度钢等高性能、难加工、大型关键构件激光直接制造技术的研究，并取得了众多突破性成果。团队发明了系列激光成型新工艺、内部结构控制新方法和大型工程成套新装备，使我国成为迄今为止世界上唯一突破该技术并实现装机工程应用的国家。该成果为钛合金、超高强度钢等难加工大型复杂关键构件的高性能、短周期、低成本、快速制造提供了技术新途径，提升了我国飞机、航空发动机等重大装备研制、生产能力，提高了性能，降低了成本，具有重大的应用价值和广阔的应用前景。多年来，该团队一直与沈阳飞机设计研究所、第一飞机设计研究院、航天一院等单位有着紧密的合作，取得了一系列的成绩。目前，该团队主要为

---

① 罗军. 中国 3D 打印的未来［M］. 北京：东方出版社，2014：69.

中航重机、中航投资、南风股份提供技术研发支持。

　　华中科技大学史玉升教授团队近年来研究重点集中于粉末成型（包括选择性激光烧结快速成型、选择性激光熔化快速成型、激光等静压复合近净成型）技术。团队建立了选择性激光烧结快速成型技术的成套学术体系与系统，得到广泛应用。史玉升教授还牵头研发了世界上最大的激光 3D 打印机，可打印尺寸小于 1.2 米的零件。团队现在主要为华工科技、华中数控公司提供技术支持。

　　西安交通大学快速制造国家工程研究中心卢秉恒院士团队主要从事快速成型制造、微纳制造、生物制造、高速切削机床等方面的研究。自 1993 年以来，卢秉恒院士团队率先在国内开拓光固化快速成型制造系统研究，开发出国际首创的紫外光快速成型机以及有国际先进水平的机、光、电一体化快速制造设备和专用材料，形成了一套国内领先的产品快速开发系统。现在卢院士团队主要为昆明机床、秦川发展、沈阳机床、轴研科技等上市公司提供技术支持。

　　西北工业大学黄卫东教授团队的研究领域包括激光加工技术、铸造技术、先进材料开发等，主要开发“激光立体成型”的 3D 打印技术，该团队与中航飞机合作解决了 C919 飞机钛合金构件的制造问题，为国产大飞机制造中央翼缘条，可以为多家航空航天企业提供具有国际先进水平的制造装备。现在团队的主要合作公司为中航飞机。

5.4.3　国外 3D 打印教育应用现状

　　3D 打印技术在教育领域的应用与推广主要由国家、学校和企业三方合作推动。国家层面上，美国等国家政府已经将 3D 打印技术摆在战略的高度进行布局，制定国家层面的发展战略规划，并出资资助 3D 打印技术研究项目。学校层面上，一些高等院校及中小学通过开设 3D 打印课程、组建兴趣社团、举办创新大赛等，提升学生对 3D 打印技术的认知，培养其技术实践能力。部分学科还将 3D 打印应用于教学用具的制作上，让课堂学习更为直观化、生动化、趣味化。企业层面上，3D systems、Stratasys 等企业一方面通过捐助 3D 打印机等方式推广 3D 打印技术在教育领域的应用，另一方面也开始研发并推出面向学校的 3D 打印设备、相关课程及教材等。

1. 美国

国家层面上，一方面，联邦政府通过制定国家战略、技术发展路线图，资助相关研究计划，推动 3D 打印技术的研究发展。其中，最重要的方式是支持大学与产业之间的互动，实现产学研合作。2012 年，位于俄亥俄州的美国国家增材制造创新学会（NAMII）成立，该学会由产学研三方成员共同组成，致力于增材制造技术和产品的开发和应用研究①。美国国家科学基金会也资助成立了 3D 打印"学术与产业联盟（GOALI）"及"产业、大学合作研究中心项目（I/UCRC）"。除此之外，一些非政府的产业组织也设立了相关的研究中心，如位于明尼苏达科技大学的航天制造技术中心（CAMT），以及位于埃尔帕索的德克萨斯州大学的 W. M. Keck 3D 创新中心。2015 年上半年，"美国制造"（国家增材制造创新机构）宣布将进行第三轮、9 个 3D 打印应用研究与开发项目，资金总额达到 1900 万美元。另一方面，各政府部门及机构也积极推广 3D 打印在不同教育阶段的应用。美国国防高级计划研究局（DARPA）推出的制作试验和拓展计划（MENTOR）旨在培养高中生的动手能力，同时激发他们对于工程、设计、制造和科学相关课程的兴趣。这个项目的重点是促进高中学龄的学生完成一系列设计和制作协调方案，包括使用电脑辅助设计，以及 3D 打印机的使用等。在 DARPA 看来，这一计划能够很好地培养学生的工程技能，有助于他们解决在未来设计和工程方面的挑战，这也有利于未来美国工业的发展。其中，3D 打印技术是未来工程制造领域的关键技术之一，因而被 DARPA 选中。该项目第一阶段的目标是在 20 所以上的高中安装 3D 打印机，该项目的第二阶段从 2015 年开始，将在 1000 所高中安装 3D 打印机，用于培养未来的工程技术人才。②

学校层面上，美国几乎所有的大、中、小学都开设了 3D 打印相关课程，培养同学们的创新意识，提高实践能力。例如，美国库亚和加社区学院在 2014 年秋季加入新的 3D 打印课程，此课程时间为 3 个学期，提供 3D 打印

---

① 美国 3D 打印产业的发展战略政策分析［EB/OL］. http：//www. sinomep. com/news/26526565. html.

② DARPA 当前项目［EB/OL］. http：//www. xzbu. com/8/view‐4646001. htm.

机、3D 扫描仪、数控机床、逆向工程软件、CAD 软件和快速原型制造的实践
训练。美国俄克拉荷马州立大学也在 2014 年开设了专门的 3D 打印与设计课
程，为学生提供系统的技术培训，而学生们期末设计制作的作品也从侧面显
示出了卓越的课程培训效果。

图 5-37　美国在校大学生 3D 打印课程作品
资料来源：华融证券。

　　企业层面上，3D 打印公司也越来越关注该技术在教育领域的市场拓展，
一些较大的 3D 打印公司已经将教育领域视为其战略级市场来布局。Stratasys
公司推出了一款面向高等教育机构的 3D 打印机教育包，命名为 Object 30 睿
智（Scholar）①，其具有超高精确度和分辨率，适用于小空间、办公室和桌面
操作。2014 年，MakerBot 专为学生研发了可 3D 打印的内容包②，包括组成金

　　① 中国 3D 打印机网．3D 打印在教育领域应用的分析［EB/OL］．http：//www.china3dprint.com/
3dnews/10542.html.
　　② 南极熊．MakerBot 发布用于教育的 3D 打印包［EB/OL］．http：//www.nanjixiong.com/article
-743-1.html.

字塔的两部分 3D 模型和探讨建筑的工程、设计、施工工艺的教案。美国众多学校也把该内容放在 6～8 年级的社会研究课程中。3D Systems 公司则于 2014 年 5 月针对教育应用领域推出了 MAKE. DIGITAL 计划，该计划是专门针对 K－12（中国的小学到高中）阶段学生的 3D 打印数字教育课程。在 MAKE. DIGITAL 网站上，公司同时为学校提供了低至 85 折的折扣，包括 Cube 系列桌面打印机、墨盒、Cubify 设计软件套装等产品①。3D Systems 还宣布正在与 Einstein Fellows 合作开发 3D 打印的第一个课堂使用，符合美国新一代科学标准（U. S. Next Generation Science Standards）的课程计划——数学工程（DIGITAL ENGINEERING）。全球知名工业级 3D 打印机生产厂商 ExOne 公司于 2015 年初发布了专门为科研机构和教育领域用户开发的最新打印系统 Innovent②，该系统建立了基于黏结剂喷射打印技术的高质量开发平台，可以让科研人员一次打印出完整的产品。

2. 英国

近年来，以英国为代表的一些欧洲国家也开始探索 3D 打印在教育领域的应用。一方面，英国政府持续加大经费投入，支持 3D 打印技术的研发。2011 年英国开始持续增大对增材制造技术的研发经费③，过去仅有拉夫堡大学一个增材制造研究中心，而后，诺丁汉大学、谢菲尔德大学、埃克塞特大学和曼彻斯特大学等相继建立了增材制造研究中心。英国工程与物理科学研究委员会也设有增材制造研究中心，参与机构包括拉夫堡大学、伯明翰大学、英国国家物理实验室、波音公司以及德国 EOS 公司等 15 家知名大学、研究机构及企业。

另一方面，国家也通过试验项目、教育计划改革等措施推动 3D 打印技术在学生中的普及。2012 年 10 月，英国教育部与英国物理学会、全国数学教学

---

① 南极熊. 3D Systems 推出系列 3D 打印教育方案［EB/OL］. http：//www. nanjixiong. com/article－940－1. html.

② 南极熊. ExOne 针对教育科研机构推出 Innovent 3D 打印系统［EB/OL］. http：//www. nanjixiong. com/article－3928－1. html.

③ 南极熊. 英国政府自 2011 年开始持续增大对增材制造技术的研发经费［EB/OL］. http：//www. xueliedu. com/a/xinwenzixun/2015/0505/321945. html.

创优中心（NCETM）以及 MakerBot 公司合作，开展了为期一年的试验项目①。该项目以 21 所学校为试点，将 3D 打印技术应用到数学、物理、计算机科学等学科课程中。该试验取得了成功，2013 年英国教育大臣表示，国家将出资 50 万英镑作为基金，将试点学校扩大到 60 所。2013 年 7 月，英国公布了新的教学方案，新的方案侧重于对孩子们工程方面的教育，向孩子们教授包括 3D 打印机在内的尖端设备。方案显示预计从 2014 年起，向 5 ~ 14 岁的儿童普及技术的最新发展知识，年满五岁的儿童要开始学习计算机编程，之后再学 3D 打印技术。

不仅如此，2013 年快速新闻传播集团（RNCG）、3D Systems 公司和 Black County Atelier 宣布在英国伯明翰为中学生提供为期两天的 3D 打印体验活动 "TCT Bright Minds UK"②，邀请了 300 名学生学习使用 CAD 及 3D 打印技术，由 Black County Atelier 提供课程讲授，3D Systems 公司提供设备，这也为英国 3D 打印走进课堂奠定了更好的基础。

3. 日本

日本政府在 2014 年划拨 40 亿日元，用以实施 "以 3D 打印技术为核心的制造革命计划"③。该计划主要分为两个主题：不高于 32 亿日元的 "新一代工业 3D 打印机技术开发" 和不高于 5.5 亿日元的 "超精密三维成型系统技术开发"。这两个主题主要为了提高日本在金属、砂模用 3D 打印机领域的竞争力，该计划于 2015 年末进行中期评估，以判断是否达到计划的中期目标。

与此同时，3D 打印教育的普及也开始陆续开展。2014 年夏天开始，日本经济产业省计划对教育机构的 3D 打印技术普及项目进行补助④，将以一部分大学及高等专科学校为目标，对其购买设备费用的 2/3 予以补助，每个学校可获得数百万到数千万日元的资助。2015 年开始，将会扩大补助计划的范围

① 王萍. 3D 打印及其教育应用初探［J］. 中国远程教育，2013，83（5）：83 - 87.

② 郭少豪，吕振. 3D 打印：改变世界的新机遇新浪潮［M］. 北京：清华大学出版社，2013：188.

③ 日本加大力度投入 3D 打印机国家项目，提升精度与速度. 南极熊. http：//www. nanjixiong. com/article - 520 - 1. html.

④ 中国 3D 打印网. 3D 打印在教育方面的应用［EB/OL］. http：//www. 3ddayin. net/news/5589. html.

到全日本的初中、高中。2014 年日本大阪市教委宣布①，大阪府立佐野工科高中 2015 年将开设名为"3D 打印技术"的专业课程，学校将配备 10 台 3D 打印机，成立"产业创造系"，首次招募 80 名学生，主要教授其基于输入设计数据而进行简单的立体物制造的相关知识与打印技术。预计从 2016 年开始，大阪府将在其他工科高中开设相似的创新性 3D 打印课程。

5.4.4 国内 3D 打印教育应用现状

1. 国家政策推动

我国从 20 世纪 90 年代开始研究 3D 打印技术，相比发达国家发展较晚，但我国政府已经将 3D 打印技术的发展提升至新的高度。科技部将 3D 打印编入《国家高技术研究发展计划》《国家科技支撑计划制造领域 2014 年度备选项目征集指南》。2015 年 2 月，国家工业和信息化部、发展改革委、财政部研究制定了《国家增材制造产业发展推进计划（2015—2016 年)》②指出，为推进增材制造的应用示范，将组织实施学校增材制造技术普及工程，在学校配置增材制造设备及教学软件，开设增材制造知识的教育培训课程，培养学生创新设计的兴趣、爱好、意识，在具备条件的企业设立增材制造实习基地，鼓励开展教学实践。同时，加强人才的培养和引进。依托已有的增材制造优势高校和科研机构，建立健全增材制造人才培养体系，积极开展高校教师的增材制造知识培训，支持在有条件的高校设立增材制造课程、学科或专业，鼓励院校与企业联合办学或建立增材制造人才培训基地。利用国家千人计划，从海外引进一批增材制造高端领军人才和专业团队。

2. 学校教育普及

3D 打印技术的教育推广也在学校层面得到广泛关注。国内部分省市、区县政府的教育部门在政策和资金上给予支持，还有一些学校与企业合作，引进 3D 打印教育设备和课程，不断推动 3D 打印技术的普及并鼓励学生创新制造。虽然，各省市 3D 打印教育普及范围和程度存在差别，但从总体来看，全

---

① 上海教育新闻网．日本一高中拟开设 3D 打印课程［EB/OL］．http://www.shedunews.com/zixun/guoji/tashanzhishi/2014/08/27/731768.html.

② 《国家增材制造产业发展推进计划（2015—2016 年)》.

国范围内大部分省市已经开始启动 3D 打印教育的推广工作。

2014 年，由原航空航天部部长林宗棠提议并上报国务院，并已得到相关部委批准立项的"3D 创新教育播种"计划开始启动。据负责实施该计划的紫熙公益负责人介绍，该计划将在全国范围内实施，并在两年内完成 100000 颗 3D 打印创新种子的播种①。紫熙公益集团的创始人张震表示，为了配合"3D 创新教育播种"计划，紫熙公益将推出 3D 创新设计大赛及试用的活动，并在全国范围内开展，尽力让所有 3D 设计爱好者拥有展现自己优秀作品的舞台。2014 年 8 月，90 台 3D 打印机被送到北京 35 中、河北辛集市第三中学等九所学校的孩子们手中。

2015 年 6 月 19 日，由北京市关工委、北京市教委、中关村管委会联合开展的"3D 打印培育工程"正式启动②，旨在让 3D 技术走进校园，提高学生的空间想象力和动手能力，为培育未来的 3D 打印技术人才奠定基础。从 2015 年 6 月起，将会在 16 个区县选取 50 所中学，包括活动中心和职业学校。每所学校将获赠 3 ~ 5 台 3D 打印机，从而完成 50 个"3D 打印培育工程"实验基地的建设。事实上，从 2014 年下半年开始，北京市东城区教委即开始在中小学推进 3D 打印课程，并在 17 所学校开展了为期一个学期、每周一次的 3D 打印知识培训和实践。西城区学校也在 2015 年上半年开始推行 3D 打印选修课。该工程由企业捐赠 3D 打印设备，之后还会进一步为学校提供技术培训和指导。

天津市拟建立全国首个"增材制造技术应用中心"③，该中心将依托天津职业大学，联合西安交通大学和教育部职业技术教育中心研究所共同建设。其中，西安交通大学主要提供技术支持，教育部职业教育研究所将与天津职业大学共同制定"增材制造"专业教学标准、教学资源的开发和利用，以及组织面向全国的师资培训。此外，天津职业大学"增材制造"相关专业于

---

① 搜狐网．"3D 创新教育播种"计划正式推出 [EB/OL] . http：//roll. sohu. com/20140829/n403888822. shtml.

② 中国新闻网．北京 50 所中学建"3D 打印培育工程"实验基地 [EB/OL] . http：//www. chinanews. com/sh/2015/06 – 19/7356695. shtml.

③ 北方网．天津将建"3D 打印"应用中心 将想法变成现实 [EB/OL] . http：//news. china. com. cn/rollnews/education/live/2015 – 05/19/content_ 32767366. htm.

2016 年开始招生。2015 年 7 月，天津市南开区科技实验小学"萤火虫青少年创客空间"获赠 2 台 3D 打印机及打印耗材①，3D 打印开始走进天津校园。

山东青岛市教育局对 3D 打印教育推广工作则开展得更早。由青岛市教育局、李沧区教体局主办，青岛尤尼科技有限公司协办的"3D 打印机进校园活动"已经走进青岛校园，并有望向全市中小学推广②。该"3D 打印机进校园"方案计划分三个阶段在青岛中小学普及 3D 打印机。第一阶段，让同学们了解 3D 打印机的工作原理、优秀的设计作品。第二阶段，将在青岛建立中小学 3D 打印实践中心，让孩子们亲手设计、打印自己的作品，并通过"3D 宝贝代言物设计大赛""中小学 3D 电脑设计大赛""我是 3D 工程师"等活动推广 3D 技术。第三阶段，将推出"学生优秀成果评选及拍卖活动"，把学生创造的成果向市场转化。

2015 年 4 月起，云南省 6000 所中小学也将陆续开始配备 3D 打印机和扫描仪。2016 年 7 月，云南省教育厅还开展了 3D 打印系统人员的集中培训。由此可见，在全国范围内，3D 打印教育应用正在火热地探索和开展，部分省市3D 打印在教育行业的推广及普及情况如表 5－10 所示。

表 5－10　国内部分省市 3D 打印教育推广情况

省份/城市	推广情况	来源
全国	2014 年开展的由原航空航天部部长林宗棠提议并上报国务院，并已得到相关部委批准立项的"3D 创新教育播种"计划。据负责实施该计划的紫熙公益负责人介绍，在全国范围内实施的"3D 创新教育播种"计划，将在两年内完成 10 万颗 3D 打印创新种子的播种；在 2013 年 5 月 29 日召开的世界 3D 打印技术大会上，中国 3D 打印技术产业联盟、青岛市政府、青岛尤尼科技有限公司有限公司启动了以"点燃中国 3D 打印未来之光"为主题的中国百所"211"大学 3D 打印机捐赠行动	搜狐网、中青在线、腾讯网

① 中国青年网．天津南开区：3D 打印机走进小学校园 助力青少年创客培养［EB/OL］．http：//news. youth. cn/jsxw/201507/t20150707_ 6834934. htm.

② 半岛网．3D 打印机走进青岛校园 有望在全市中小学推广［EB/OL］．http：//news. bandao. cn/news_ html/201401/20140118/news_ 20140118_ 2351678. shtml.

省份/城市	推广情况	来源
北京	2015 年 6 月，北京市关工委、北京市教委、中关村管委会联合开展的"3D 打印培育工程"启动；范围覆盖 16 个区县，将选取 50 所中学 2014 年 8 月，"3D 创新教育播种"计划，北京、河北等地 9 所学校获赠 90 台 3D 打印机	中国新闻网、中青在线
山东	青岛市教育局、李沧区教体局主办，青岛尤尼科技有限公司协办的"3D 打印机进校园活动" 淄博市临淄区，从 2013 年开始，通过区级培训和校本培训相结合的方式，从全区每所中小学中选择 1～2 名教师作为骨干进行区级培训，然后各校骨干教师在本校内组织人员培训；通过梯队式推进方式，使老师们逐渐掌握 3D 打印技术；同时，在小学开展 3D 打印教学培训，在学校设立 3D 打印实验室、社团等	半岛网、齐鲁网
上海	2013 年 9 月，项目组进入和田路小学，与一线教师共同开发 3D 打印课程，并在四年级、五年级实施了一个学期	江苏科技报
浙江	2014 年 5 月 28 日，浙江省经信委携浙江省 3D 打印产业联盟向该省 83 所中小学捐赠 3D 打印机；同时将在 10 所学校合作建立 3D 打印科普、教学、实训示范基地，开设 3D 打印课堂	中国新闻网
江苏	2014 年起开始面向青少年推出 3D 打印科普示范课程。自 2014 年 10 月 20 日起，3D 打印科普示范课程在天正小学启动 南京市在 2014 年计划为 20 所小学和初中率先配备 3D 打印装备；预计在 2～3 年时间里，南京每个学校都将有 3D 打印课 2014 年江苏省海安高级中学引进了著名的桌面 3D 打印机 Makerbot Replicator 2，在校社团开展 3D 打印技术科普教育	人民网、扬子晚报网、新华网
湖北	2015 年 8 月湖北教育出版社表示将联合湖北省教育科学研究院、华中科技大学、湖北大学、湖北嘉一三维高科股份有限公司等多家单位共同开发一套 3D 打印实训教材；拟开发的 3D 打印教材将分为小学、中学、职业教育、大学 4 种不同层次，针对不同年龄段的学生进行普及教育并让他们亲自动手参与实践 2015 年湖北教育厅、湖北省共青团主办，举办湖北首届大学生 3D 打印创意设计大赛	搜狐网、度维网
江西	2014 年 12 月，南昌市教育局举办 3D 打印技术与科技创新教育展演活动	金视新闻
广东	2014 年 3 月，广东白云学院与广州捷和电子科技有限公司合作共建的"白云—捷和 3D 打印技术产学研中心"落成；包括了由广州捷和电子科技有限公司提供给中心用于教学的 QD－1 3D 打印机 20 台，Qubeware 3D 打印模型切片软件 20 套，以及其他新产品投产后及时向"中心"提供样机等内容	广东白云学院
云南	2015 年 4 月起，云南省 6000 所中小学将陆续开始配备 3D 打印机和扫描仪；今年 7 月，云南省教育厅还开展了 3D 打印系统人员的集中培训	昆明信息网

省份/城市	推广情况	来源
四川	2014年5月，成都市慈善总会石人文化慈善基金正式向锦江区捐赠21台3D打印机，并在成都市七中育才学校、成都市盐道街小学、成都市天涯石小学、成都师范附属小学、成都市第二幼儿园、四川师范大学附属中学、成都市现代职业技术学校等锦江区内7所学校建立3D打印未来教室；作为技术支撑，世界3D打印联盟将联手成都市锦江区，计划建立全国首个3D打印教育示范区	腾讯网
辽宁	沈阳市第九十中学于2015年6月11日与沈阳盖恩科技有限公司联合成立了3D打印工作室 2014年国际残疾人日，沈阳市残疾人福利基金会和沈阳盖恩科技有限公司为皇姑区聋人学校的孩子们免费捐赠3套3D打印设备及耗材	东北新闻网、中国日报网
黑龙江	黑龙江省科技厅与哈尔滨市南岗区科技局、南岗区教育局联合举办"3D打印技术走进校园科普展"，并向哈尔滨市第十七中学捐赠3D打印设备，在中学校园宣传普及3D打印知识	东北网
陕西	"陕西省3D打印产业技术创新联盟"2014年1月22日在西安宣告成立。陕西省3D打印产业技术创新联盟在省科技厅主导下，目前由西安交通大学、西北工业大学、陕西省科技资源统筹中心、西北有色金属研究院、中科院西安光学精密机械研究所等32家省内产学研单位组成 2015年7月14日，西安思源学院率先迈出改革的一步，与渭南高新技术产业开发区管理委员会、教育部快速成型工程中心、渭南鼎信创新智造科技有限公司正式签署合作协议，四方携手共建我国西部首所"3D打印学院"，地址设在渭南市高新区	中国教育和科研计算机网、西部网
新疆	从2015年3月起，乌市斯瑞德维信息科技有限公司免费向实验小学三至六年级学生提供2台3D打印机与专业3D教师，每班每周开设一节3D打印课	天山网

资料来源：网络，华融证券。

3. 企业技术与服务支持

随着全球掀起"3D打印热潮"，3D打印技术发展对于人才的需求越来越旺盛，3D打印公司也开始更多地将目光投向教育领域的市场。教育领域不断寻求创新，而3D打印技术既可以作为教学工具，同时也是教学内容，两者的结合，是一种相互推动、实现双赢的过程。正如中国3D技术产业联盟的发起人罗军所说："3D打印与教育行业相结合，这个新创意将带来新模式，或许通过几千万元的投入，就可以撬动几十亿的桌面打印机市场。"然而直到目前，3D打印技术在教育领域的应用还处于初期的探索阶段，虽然国家和地方教育主管部门大力支持，行业内企业也在积极推广布局，但国内尚欠缺成熟的模式。现阶段国内 3D 打印公司在教育应用领域的尝试主要分为以下三种：一是向学校销售或免费赠送 3D 打印设备；二是开发针对教育与培训的配套软件；三是开发 3D 打印课程并提供培训等服务。

例如，北京太尔时代一直致力于 3D 打印技术在教育领域的应用和推广。仅 2015 年上半年，公司即为 "Inspired minds 全国大学生 3D 打印大赛" 提供设备支持及培训指导①，在首都师范大学附中举办 3D 打印大讲堂，参与全国高教设备仪器展示会等一系列教育宣传和推广活动。2015 年 6 月，公司响应北京市关工委、市教委、中关村管委会等的号召，向 50 所北京中学赠送 UP Plus 2 3D 打印机，共同建设 50 个 "3D 打印培育工程" 实验基地。为开拓教育市场，公司推出了专为教育院校打造的桌面级 3D 打印机——UP Plus 2X。并在 2014 年底至 2015 年初针对教育类院校推出 "买一赠一" 的购买优惠。为了加快 3D 打印在校园的普及，众多企业都参与到捐赠活动中。如杭州市 3D 打印产业联盟成员杭州先临三维科技股份有限公司、杭州铭展网络科技有限公司等单位为浙江省内 83 家中小学每所学校捐赠 1 台 3D 打印机和 8 卷材料。

图 5-39　太尔时代 UP Plus 2X 打印机

资料来源：南极熊，华融证券。

①　南极熊. 为 3D 打印教育事业而奋斗的厂家——太尔时代［EB/OL］. http：//www. nanjixiong. com/article－5317－1. html.

除硬件外，一些公司同时开始研发教育应用的 3D 打印软件。例如，国内领先的 2D/3D 软件供应商中望公司设计并开发 8 ~ 18 岁中小学学生的 3D 打印设计软件——3D One①，并配套 A（小学）、B（初中）、C（高中）三版教学课程资源。该软件具有界面简洁友好、功能强大、易于操作等特点。目前该软件已经在全国超过 500 家中小学开展应用，部分合作院校包括人大附中、清华附中朝阳学校、中央工艺美术学院附属中、北京市海淀实验中学、北京一零一中学等。

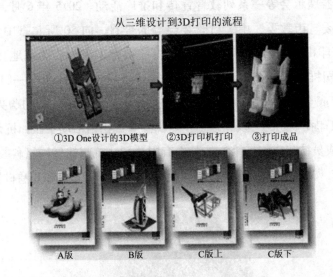

①3D One设计的3D模型　②3D打印机打印　③打印成品

A版　　　B版　　　C版上　　　C版下

图 5－40　中望公司 3DOne 教育软件

资料来源：赛迪网，华融证券。

除上述两类公司之外，也有部分企业专注于 3D 打印课程及培训服务的提供。如青岛尤尼科技有限公司联合院校老师主持编修了《创新天地》和《3D 打印基础课程》两本教材②，融合了 3D 打印行业所涉及到的软件、硬件、耗材等全方位的知识。

---

① 赛迪网．3D One：面向中小学 3D 打印设计软件 ［EB/OL］．http：//www. ccidnet. com/2015/0819/10014353. shtml.

② 南极熊．尤尼科技首推 3D 打印教材 助力 3D 打印基础教育产业 ［EB/OL］．http：//www. nanjixiong. com/article－2756－1. html.

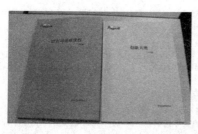

图 5-41　《创新天地》和《3D 打印基础课程》

资料来源：南极熊，华融证券。

在此基础上，也有企业专注于教育市场的开发，并将软硬件、课程开发及培训相结合，提供相对全面的 3D 教育服务。目前国内业务开展较早、模式相对成熟的企业有杭州铭展 TEACH 创新学园和毛豆科技两家企业。

（1）杭州铭展 TEACH 创新学园。TEACH 创新学园是由杭州铭展科技与教育部浙江大学计算机辅助工业设计产品创新工程中心共同推出的青少年 3D 打印创新教育品牌。TEACH 创新学园课程主要面对义务教育阶段的青少年，并提供课程体系、硬件建设、教师培训、网络社区和增值服务五位一体的综合服务。硬件方面，选用铭展科技旗下的 MBot 3D 打印机。软件方面，3D 打印教室配备 3D 建模软件和 Mprint 打印软件。学园的课程设计分为入门课、创意课和挑战课三个阶段，并提供线上线下教师培训系统，在 2015 年 9 月推出了相应的 3D 打印专业教材。除此之外，TEACH 教育开放"我爱 3D"网络平台，实现学校、教师和学生之间全方位的互动交流。企业采取的商业模式是加盟（商业培训）以及学校推广，截至目前，这家公司已经在杭州、上海、福州、厦门等地开展了试点工作。根据公司测算，2015 年就能够实现盈利，并在未来保证每年 8 亿~10 亿元的营收①。

---

① 每经网．3D 打印欲"联姻"创新教育 用几千万撬动几十亿［EB/OL］．http：//www.nbd. com. cn/articles/2015－06－10/922114. html.

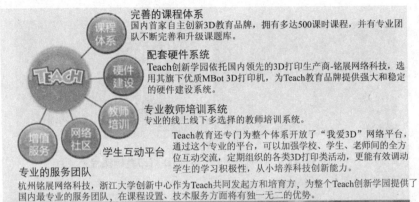

图 5-42　TEACH 创新学园模式及效果

资料来源：TEACH 创新学园网站，华融证券。

（2）毛豆科技。毛豆科技成立于2014年，致力于成为专业的3D打印技术在幼教领域应用的方案提供商。主要产品和服务有：①嗨屋。将3D打印机应用于民用儿童游乐体验领域；②中小学"3D打印创客教室"，通过自主研发的3D打印应用软件以及课程培训，让小学生亲自参与、体验3D打印的全过程，并设计完成自己的作品。公司的3D打印设备向外部采购，教学软件和课程则实现自主开发。对于"嗨屋"业务，公司主要和学校附近现有的幼教机构合作，采取分成的方式，一般在4~5所小学周边选择一个合作伙伴。而中小学"3D打印创客教室"为公司主要聚焦的业务。即与小学合作，由小学提供教室，公司提供3D打印机和平板电脑的硬件、自主研发的软件，还有专门讲师提供授课服务，在学校开设课后兴趣班。学生们亲自参与设计完成3D

打印作品，并可以自主购买自己的作品。目前公司已在合肥某公立小学和北京某私立国际小学成功运营了一个学期，并获得盈利。2015 年秋季公司计划集中于 2 ~ 3 个省份推广到 20 ~ 30 家学校；2016 年，公司得到较为快速的发展，在部分省份设立分公司。

图 5 - 43　毛豆科技

资料来源：毛豆科技，华融证券。

5.4.5　3D 打印在教育领域的应用展望

1. 应用市场

"3D 打印技术在教育领域中的应用存在无限可能，足以颠覆你的想象。"国外的 Sophic Capital 研究报告提出，3D 打印在全球工业市场已有大量运用，但在教育领域还只是刚刚开始。从应用市场来看，3D 打印教育领域应用是一块亟待开发的"蛋糕"。一方面，3D 打印技术作为制造工具，可以更好地迎合教学器具、学习用具的开发需求；另一方面，3D 打印技术作为教学内容，相关的课程教育和培训需求越来越旺盛。无论是美国几乎所有大中小学都已开设 3D 打印课程的发展现状，还是工信部出台的《国家增材制造产业发展推进计划（2014—2016 年）》提出组织实施学校增材制造技术普及工程等计划，我们都不难看出未来 3D 打印技术走进校园、走进课堂是大势所趋。而从技术发展的角度来看，3D打印的推广和普及也伴随着更多的人才需求，故3D打印在教育领域的应用不仅意味着潜在的市场开拓，而且对产业发展具有重要意义。

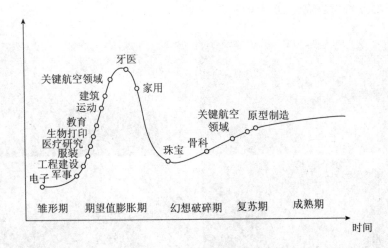

图5-44　3D打印应用曲线

资料来源：IDTechEx，华融证券。

2015年3月，Sophic Capital的一份研究报告中指出，目前对于3D打印在教育领域的应用处于技术发展的期望值膨胀期阶段，但随着一大批3D打印公司聚焦于教育市场，该领域有望在未来几年实现商品化。同时，教育领域也正在吸引越来越多的资本投入。根据CB Insights公司统计，相比2013年，2014年教育技术公司营收增长5%，而获得资金投入增长55%。一些教育技术公司估值正在逼近10亿美元大关。

毋庸置疑，3D打印在教育应用领域拥有巨大的潜在市场，全球产业研究预测2014年整个在线教育和培训市场规模有望达到1070亿美元。中国3D打印技术产业联盟发起人罗军认为在教育应用背后可能潜藏着几十亿元的桌面打印机市场[①]："如果平均每个教室配备30台3D打印机，1000个教室则需要3万台。全国3D打印机的需求至少是10万~50万台，在学校、学生创客的

---

① 每经网.3D打印欲"联姻"创新教育 用几千万撬动几十亿［EB/OL］.http：//www.
nbd. com. cn/articles/2015－06－10/922114. html.

带动下，将带来源源不断的商机，甚至引领新的商业模式，通过几千万元的投入，就能撬动几十亿元的桌面打印机市场。"事实上，3D 打印在教育领域应用的推广也有助于打开家用 3D 打印的市场。随着 3D 打印机价格的下降，已经有部分 3D 打印爱好者和家长购买并在家中使用。

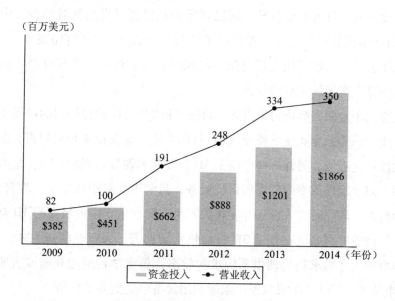

图 5-45 3D 打印应用炒作曲线

资料来源：CB Insights，华融证券。

2. 存在的问题

3D 打印教育应用市场前景广阔，但目前仍存在一系列尚待解决的问题。综合来看，符合现有需求的 3D 打印教育体系还有待构建。虽然政府、学校、企业三方均在大力推动 3D 打印教育走进校园，但整体上还未探索出完善的合作模式。从行业内部来看，3D 打印教育公司的盈利模式还未成熟。具体来看，还存在以下问题：

设备方面，目前国家尚无统一的 3D 打印机生产质量标准。鉴于校园使用 3D 打印设备的参数性能有待进一步明确，设备销售市场上出现同质化竞争的价格战。除此之外，虽然市面上已经出现了部分针对教育培训的 3D 打印机型，但并未考虑到不同阶段教育的个性化需求。对于中小学入门级的 3D 打印教育，设备的上手性较差。正如太尔时代市场总监郭峤提到的[①]，"因教育对象不同，现在各类学校的采购需求存在差异：中小学倾向于万元以内配置的入门科普级桌面级3D打印机，职校则青睐打印精度较高的应用型设备，大学则会将普通级与工业级别的设备相匹配进行采购。"

课程方面，目前毛豆科技、阿巴赛等公司已经开发出针对幼教、中小学的3D打印培训教材和课程，青岛电子学校还开设了"3D打印技术"专业。但从总体来看，行业仍缺乏规范统一的课程和教材体系，尤其针对不同教育层次的培养方案还属于空缺状态。

教育人才方面，师资力量匮乏。目前开展3D打印教育培训的讲师主要来自于企业。一部分企业在学校开展3D打印讲座，普及技术相关知识，但不具有持续性和渐进性。另外一些专注于3D打印技术课程培训的企业，培养自己的讲师，向学校提供专门的课程讲授服务，目前主要集中在中小学教育领域，在高等教育、职业教育方面还存在很大不足。旨在建立国内最大的3D互动交流平台的南极熊网站也在开展3D打印技术培训班，为行业输送人才。但3D打印教育的人才需求仍呈现供不应求的状态，很多学校虽然获赠或者购买了3D打印设备，但处于闲置状态，未能利用设备创造更多的价值。

从产业发展的角度来看，现有教育应用还处于初期探索阶段。不同企业分别在打印设备、打印软件、课程培训、增值服务等不同细分领域开发适合3D打印教育的产品。但从长远来看，能够提供3D打印硬件、软件、课程培训以及交流互动平台的一体化综合解决方案才是该领域的发展方向。

3. 应用探讨

展望未来3D打印在教育领域的应用，主要可能分为两大部分。其一是3D打印作为一种制造工具，用来打印教学工具或学习用具，包括应用于地理学、物理学、工程学等不同学科在内的教学模型等的开发和制作。其二是3D打印作为教学内容，在学校和社会范围内开展3D打印技术培训和相关服务。

对于第一种应用，目前技术上已经可以实现天文、生物、地理、历史等

---

① 南极熊 . 3D One. 中国3D打印教育"刚需"市场开始启动［EB/OL］. http：//www.i3done. com/news/2015/126. html.

众多学科的打印需要，随着打印精度的提升和成本的下降，3D 打印可以完成
更复杂的结构、更具个性化的工具的制作，并更广泛地应用于教学中。

　　对于第二类 3D 打印教学和培训的应用，未来可能会拓展到幼儿园、小
学、初中、高中、大学、职业教育等各个教育阶段。从幼儿园、小学的科普
认知教育，到初中、高中的动手实践锻炼，到大学和职业教育的专业培养，
实现认知—掌握—创新的递进式教育培养体系。

　　孙江山等在分析相关文献和国内外现状的基础上，提出现有 3D 打印教育
创新应用项目主要分为创客空间、创新实验室、STEAM 教育三类[①]。其中，
创新实验室遵循学习者的差异化特点，通过 3D 打印技术强化操作、协作和创
造能力，搭配具本地特色和全球化的课程。STEAM 教育则是将 3D 打印应用
于 STEM 课程（Science、Technology、Engineering、Math），使技术、工程教育
和艺术人文相融合。在此基础上作者提出的 3D 打印教育创新应用体系如图
5 - 46 所示。

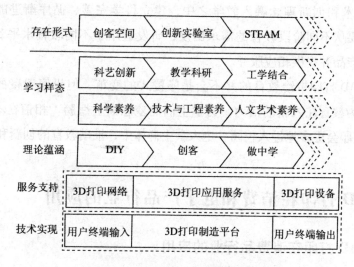

图 5 - 46　3D 打印教育创新应用体系

资料来源：孙江山，吴永和，任友群 . 3D 打印教育创新：创客空间、创新实验室和 STEAM，华
融证券 .

---

①　孙江山，吴永和，任友群 . 3D 打印教育创新：创客空间、创新实验室和 STEAM［J］. 现代远
程教育，2015，4：06.

综合来看，创客空间（Makerspaces）是最受关注和推崇的教育应用模式之一。美国2015年的《地平线报告》将创客空间列为未来2～3年可能广泛应用于教育领域的关键技术。创客空间是一种创造性社区，为创客们提供设备、开放的资源以及交流的场所。在创客空间，人们可以依托3D打印技术及其他工具将创意变为产品。该模式应用于学校中，则可称之为创新课堂、创新实验室等。同时，该模式也可以推广到社会社区中，形成以3D打印技术为载体的创业咖啡模式。

3D打印教育应用领域是一片尚待开发的巨大市场。3D打印个性化、差异化的技术特点可以满足教育追求创新、变革的需要，而教育的应用和发展更为产业的未来储备了人才。现阶段，教育领域的应用还不成熟，未来融合软硬件、课程与培训、互动与交流平台为一体的综合解决方案也许会成为主流。

3D打印教育市场的开拓更需要政府—学校—企业三方的通力合作。政府提供政策支持和指导，并引导行业建立规范统一的设备及课程标准；学校将3D打印技术和创新理念融入教学之中，建立科学完善、循序渐进的教育体系；企业要从不同阶段教育的需求出发，研发适用于不同教育水平和阶段的软、硬件产品并提供相应服务。

也许3D打印带给教育的并不会是颠覆式的变革，但毋庸置疑的是，3D打印可以为教育注入新的活力，为学生们的梦想插上翅膀。相信在不久的将来，3D打印会更多地进入校园，走入学生群体中，推动教育的创新和变革。

5.5 3D打印在消费和电子产品行业的应用

5.5.1 3D打印在消费品行业的应用

1. 市场规模和增速

3D打印技术的下游应用以消费品和电子产品（以下简称消费品）、机械、医疗、汽车和航空航天行业为主。据Wohlers Association的统计，2014年全球3D打印行业规模为41亿美元。按照销售规模排名，3D打印在机械、消费品和汽车行业的应用规模居前。其中消费品行业的占比为 16.6%，位居第二，相比 2013 年，该比例由 19% 降到了 16.6%，而 3D 打印在消费品行业的应用规模由 5.8 亿美元增长至 7 亿美元，增速达到 21%。

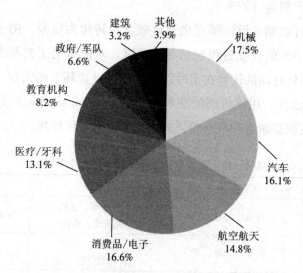

图 5－47   3D 打印在下游行业的应用份额（2014）

资料来源：Wohlers Report 2015，华融证券。

Wohlers Association 预计到 2020 年全球 3D 打印市场规模将达到 212 亿美元，未来 6 年行业平均增速 31.5%。研究机构 Canalys Research 预测 2015 年全球 3D 打印行业增速为 56%。假设消费品行业应用规模占比保持在 15% 的水平，2020 年 3D 打印在消费品行业的应用规模将达到 32 亿美元，未来 6 年平均增速为 28.7%。

2. 应用领域

消费品行业涵盖范围较广，主要包括手机、电子产品、电脑、家电、工具和玩具等行业。消费品生命周期一般比较短，更新换代的频率高，普遍采用大规模生产和销售的方式。目前 3D 打印在消费品行业的应用主要集中在产品设计和开发环节，直接数字化制造（以下简称"直接制造"）在消费品行业的应用不如在航空航天、医疗等行业普及。

3D 打印在模型或原型制造（prototyping）和概念验证（proof of concept）

环节扮演了重要的角色。Sculpteo 公司最近的一次问卷调查结果显示，原型制造和概念验证是3D打印最重要的两项用途。欧美受访者中平均59%的受访者认为3D打印的用途是原型制造，35%的受访者认为3D打印的用途是概念验证，其次是生产制造（27%）。

在产品设计初期，设计师提出设计概念并转化为模型，用于进一步的设计和改进。接下来的开发过程包括各种测试，对模型的工艺要求和特性提出了各种需求。3D打印的优势在于可以满足各个设计环节的需求，并赋予设计环节极高的灵活性。相比传统的注射成型（injection molding）技术的耗时费力，3D打印在原型制造和概念验证的应用已成为一种趋势。

表 5−11　原型制造应用于设计的各个阶段

阶段	工艺要求	主要特性	适用的技术
概念模型	速度、外观	数量、复杂度、材料、表面光滑度、颜色	SLA、SLS、Polyjet
适应性测试	外形、尺寸	材料、复杂度、颜色、材料稳定性	SLS、Polyjet
功能测试	耐化学性、机械性能、电气性质、热力性质、光学性质	材料、数量、速度、复杂度、耐受性	SLS、FDM
耐久测试	机械性能、老化性能	材料、材料稳定性、数量、速度、复杂度、耐受性	SLS、FDM
常规测试	阻燃性能、干扰性、生物相容性	材料、速度	SLS、FDM

数据来源：Protolabs，华融证券

直接制造是指直接用快速成型的方法生产出最终产品。虽然同属快速成型范畴，直接制造与前述的模型制造的目的不同，前者以满足最终使用为目的，后者以满足设计环节需求为主。目前直接制造在消费品行业主要应用于辅助工具、特殊部件和个性化产品制造，如夹具、固定件、碳纤维材料部件。直接制造被认为是快速成型技术发展的趋势，随着未来3D打印技术和材料的发展和个性化需求的提升，直接制造在消费品行业的应用会更普遍。

表 5－12　3D 打印在消费品行业的应用

应用类型	应用领域	优势
模型和原型制造、概念验证	检查设计合理性、优化设计、性能测试	产品设计更直观、更早发现问题、缩短研发周期
直接制造	生产辅助工具、小批量、个性化产品	节省设备、场地和生产成本

资料来源：华融证券。

3. 技术类型

我们在之前的章节中详细介绍过 3D 打印技术，此处简单介绍各项技术在消费品行业产品设计环节的应用。3D 打印技术主要包括光固化成型、选择性激光烧结、熔融层积聚合物喷射，每种技术都有各自的优劣和适用的材料范围。

（1）光固化成型（SLA）。SLA 技术的优势在于打印质量较高，可用于打印复杂度高的模型。劣势在于 SLA 设备和材料成本较高，材料的耐用性较低，大量打印的经济性不高。因此，该技术应用在概念设计和早期设计阶段较为合适。

（2）选择性激光烧结（SLS）。与 SLA 相似，SLS 也主要用于小批量打印。区别在于用 SLS 技术打印的部件耐用性略好，因此可以用于一些特定的测试阶段。材料范围的区别也使得 SLS 的应用范围可以不局限于早期设计阶段。

（3）熔融层积（FDM）。FDM 技术是目前市场上应用最广泛的技术。用 FDM 技术打印出来的部件尽管在像素方面不如 SLA 和 SLS 技术，但是由于其打印材料的选择性多且强度大，可以应用于测试的范围更广。因此，FDM 技术主要用于设计和制造最终产品的部件。

（4）聚合体喷射（Polyjet）。Polyjet 技术是一项相对较新的技术，该技术的优势主要体现在精度和速度上，Polyjet 打印机可以打印表面光滑度较高的复杂模型。相比传统数控机床（CNC），用 Polyjet 技术打印小批量模型可以把成本控制在较低水平，但是大批量生产的成本依旧较高。此外，由于材料范围有限，Polyjet 打印的部件耐用性不及采用 SLS 或 FDM 技术打印的部件。因此，此项技术适用于概念设计和适应性测试阶段。

表 5 - 13　技术指标横向对比

指标	SLA	SLS	FDM	Polyjet	CNC
数量	-	-	-	-	0
复杂度	+	+	+	+	0
表面光滑度	0	0	-	0	+
材料范围	0	-	-	-	0
材料稳定性	-	0	+	-	+
颜色	-	-	0	-	-
材料耐受性	-	-	-	-	+
速度	+	+	+	+	-
成本（小批量）	+	+	+	+	0
成本（大批量）	-	-	-	-	+

注：- 表示劣、0 表示一般、+ 表示优。

资料来源：Protolabs、华融证券。

相比数控机床，3D 打印的优势在于可以小批量、快速生产复杂度高的产品。

4. 应用优势

消费品行业具有产品生命周期短，更新换代快的特性，需要持续不断的开发和投入。借助 3D 打印的优势，可以缩短产品开发周期，大幅度削减设计成本，这对于消费品行业意义重大。3D 打印在消费品行业的应用优势主要有以下两点：

（1）提升设计水平。模型制造贯穿于产品开发的各个阶段。传统模式下，模型的复杂程度对制作难度和成本的影响呈现几何级递增，考虑到设计周期和成本问题，很多复杂的设计只能向现实低头。现有的 3D 打印技术可以实现各种复杂设计的模型制作，赋予设计师更多的自由，产品的设计水平大幅提升。

以迭代设计为例，在一个设计周期内，迭代设计一般需要在制模完成后才能进行。迭代往往伴随着成本的上升，这必然会约束设计师的设计水平。3D 打印技术在模型制造和时间成本方面的优势，可以帮助设计师在更短的时间内以几乎可以忽略不计的成本进行迭代设计。此外，有了 3D 打印，设计师可以忽略传统设计制造标准，无需考虑其所设计的产品能否被制造出来。设计师可以在产品设计过程中直接打印模型，省略了外部模型制作环节，还可以有效防止数据泄漏。

（2）节省材料和时间成本。传统的模型制造一般采用铸模和注射成型的方式，根据模型的复杂程度，制造周期在一周到两个月。模型越复杂，制造成本越高。而 3D 打印机打印一个复杂模型和一个简单模型所需的成本没有差别，不同的只是数据文件。

3D 打印材料的平均利用率要远高于传统技术。传统减材制造方法材料的平均利用率大概在 25% 左右，而 3D 打印材料平均利用率理论上接近 100%。在实际运用中，金属 3D 打印比非金属打印的材料利用率更高，绝大多数剩余的金属粉末都能回收利用。市面上已经有支持可回收非金属材料的 3D 打印设备在出售。

表 5 - 14　铝制模具和 ABS 模具的制作成本对比

模具类型	铝制模具		ABS 模具	
	材料成本（美元）	生产周期	材料成本（美元）	生产周期
风扇叶模具	1670	7 天	1000	24 小时
一组（6 只）冰激凌勺子模具	1400	30 天	396	7 小时

续表

模具类型	铝制模具		ABS 模具	
	材料成本 （美元）	生产周期	材料成本 （美元）	生产周期
 螺纹盖模具	1900	4 天	614	13 小时

资料来源：Stratasys，华融证券。

除了材料成本，时间成本对于消费品公司也非常关键。传统外包模式下，模型的平均交货周期在一周左右。出于成本方面的考虑，模型往往需要等设计方案足够完善才开始制造，相关的内部流程和模型交货期消耗了成倍的时间。相比传统模型制造周期以天为单位，3D 打印技术以小时为单位，且打印工作完全可以安排在夜间或者周末进行。产品设计和制模可以同步进行，这进一步缩短了产品开发周期。

表 5－15　采用 3D 打印节省的制模时间

应用领域	传统方式	节省时间（%）
工业设计	粘土模型	96
教育	制作外包	87
航空航天	激光切割	75
汽车	铝材加工	67
航空航天	注塑成型和机床加工	43

资料来源：Stratasys，华融证券。

5.5.2　行业应用案例

消费品行业细分行业众多，我们以几个主要的行业作为案例重点分析。

1. 消费电子行业案例

罗技（Logitech）是一家全球知名的外设厂商。公司早期设计的一款蓝牙耳机在受力过大时麦克风连接杆会旋转过度导致电子部件损坏，由于连接杆和阻力点尺寸较小，传统的技术无法制作出耐用的功能测试原型，只能根据计算机软件推算连接杆的受力能力。

在传统技术方式下，每制作一个原型都需要重新开模，造价十分昂贵。而 3D 打印机只需一台就可以同时打印多个不同的模型，大大缩短了模型制作的时间，设计师可以在最短的时间内做出最优化的设计。在蓝牙耳机的案例中，设计师通过反复测试，直到连接杆受力强度达到最高值——比原先设计提高了 273%。设计师无需再考虑原型能否制作，也无需担心以往制作成本高昂的原型在测试过程中损坏。

图 5 - 48　3D 打印蓝牙耳机模型

资料来源：Stratasys，华融证券。

2. 玩具行业应用

万代（Bandai）公司是全球知名的玩具制造商。自 20 世纪 90 年代以来，万代一直使用数控铣床等传统方法制作原型，资本投入和人力成本居高不下。以制作同一卡通人物玩具为例，传统方法只是制作玩具的一个部件就需要花费几天时间。而采用 3D 打印技术一周内就能制作三件完整的玩具模型。传统方法制作的机器人玩具的手臂和躯干在组装时会因关节不牢导致脱落，而 3D 打印可以同时打印出身体和手臂，打印过程同时也是安装过程，彻底避免了脱落问题。

图5-49 3D打印玩具机器人模型

资料来源：Stratasys，华融证券。

3. 家电行业应用

作为一家大型家电企业，格力电器对样件的需求持续增长。传统加工模式下，公司将部分样件任务外包给外协加工厂，不仅沟通过程烦琐，还需要保密。最终样件效果也不尽如人意，经常会因为精度、细节度或强度不合适而影响评测效果。采用3D打印技术后，格力可以在公司内部打印样件，模型的材料与最终产品的材料在特性上几乎完全一致，材料的硬度和耐腐蚀性等关键指标足以满足多次功能测试而不会断裂或渗漏。公司可在模具投放前，先用模型样件进行验证，判断其设计是否符合预期效果。

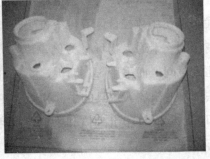

图5-50 3D打印玩具机器人模型

资料来源：Stratasys，华融证券。

226

4. 体育用品行业应用

作为一家运动时尚公司，彪马（Puma）迫切需要缩短设计周期，解决团队间的沟通障碍。位于不同国家和地区的设计团队需要共同探讨产品设计，缺少一致的模型会让远程沟通效率低下。传统的生产和物流耗时耗力，不可避免地拉长了产品设计周期。而通过在各地区办公室装备 3D 打印机，每个团队可以随时打印出完全一致的模型，有效地消除了团队之间的沟通障碍。

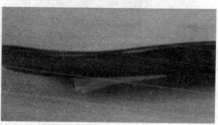

图 5 - 51　3D 打印运动鞋部件模型

资料来源：Stratasys，华融证券。

5. 日用品行业应用

上海家化一直对产品的包装设计非常重视。公司常常需要从包装设计着手对产品进行重新定位，借助 3D 打印，上海家化大幅缩短了产品包装的开发周期。以容器类包装为例，开发周期较之前缩短了 75% ~ 85%。设计团队实现了更具创造力的设计构想，例如，不规则外形的沐浴产品包装。公司设计团队通过 3D 打印申请了多项实用的新型专利，以此来巩固公司在行业内的领先地位。

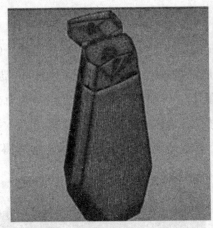

图 5-52　3D 打印沐浴产品包装模型

资料来源：Stratasys，华融证券。

5.5.3　未来展望

消费品行业是大规模采购、生产和销售的行业，目前 3D 打印的效率远不及传统制造方式。不同于航空航天（产品批量小）、医疗（高度定制化）行业，3D 打印在消费品行业主要用于原型制造和概念验证，而不是生产制造。从长期来看，3D 打印会是传统制造方式不可或缺的补充，而不是替代。传统的大规模生产方式仍将在很长的一段时间占据主导地位，而 3D 打印对消费品行业的影响也会逐渐加大，这些影响主要来自消费品行业价值链的重塑和技术发展。

1. 3D 打印重塑行业的价值链

在消费品行业，产品越复杂，意味着供应链越长，物流和仓储成本也越高。随着 3D 打印技术的发展，数字化库存、当地即时生产以及分散式的制造模式开始逐渐兴起，供应链将大幅简化。首先，3D 打印可以减少零件生产和组装环节，从而缩短供应链。这种趋势已经在航天领域体现出来。其次，未来实体产品都可以转化为数据，产品的销售模式由卖实物转为卖数据。产品先通过互联网销售再生产，滞销的风险被降到最低。

当技术和材料发展到一定程度时，产品的生产端将无限接近客户需求端，传统的物流和库存管理将不复存在。以手机保护壳为例，公司无需生产实物，只需在网上展示不同的设计款式，客户下单购买直接收取设计数据，就近选择服务商打印，或者自行打印。这一过程彻底省略了原材料采购、生产、仓储、物流和销售流程。

3D 打印缩短了产品开发周期，加快了产品更新换代的频率。以手机行业为例，以往新品发布间隔在一年左右，未来新品发布间隔可能缩短到半年甚至季度。由此带动消费者购买产品的频率增加，提高客户黏性。再者，3D 打印削减了产品开发成本，降低了特定行业的门槛，进而改变了行业的竞争格局。规模小、资金实力弱不再是制约公司成长的因素，设计能力强的公司有望迅速得到消费者的认可，而一味追随和模仿的公司将越来越难以被市场接受。3D 打印正在对行业产生深远的影响。

2. 从大规模生产到大规模定制

大规模生产时代，定制化产品由于成本高昂注定只属于小众群体，绝大多数消费者需要适应商品，或者花费时间和精力去寻找适合自己的产品，归根结底，大规模生产以满足大多数人的需求为目的。定制化之所以高端、昂贵，主要还是成本问题，过高的成本阻碍了需求，迫使消费者退而求其次，选择大规模生产的商品。如果定制化能够达到和大规模生产同样的成本，相信大多数人会选择定制，毕竟每个消费者都是不同的。

3D 打印已经在一定程度上解决了产品定制化的问题。美国的 3D 打印爱好者已经实现了大量的个性化需求。随着技术的发展，个性化需求将持续释放，人类社会将迎来大规模定制时代。尽管目前还很难预测这一过程需要多久，但这并不妨碍我们设想未来大规模定制时代会是怎样一种场景。

当大规模定制时代来临，消费者购买的对象由实物转变为数据。消费者对品牌的重视程度减弱，能否个性化定制成为消费者的首要考虑因素，其次是产品的设计和材料。数据的传递替代了传统供应链各环节之间的实物传递，生产场所从传统工厂转移到极度分散的消费者身边，每个人都从单纯的消费者转变成具有设计和生产能力的消费者。各种新型原材料取代了最终产品，成为全球贸易和物流的主要货物。伴随着这种趋势愈演愈烈，几家大厂商主导某个市场的情况不再常见，消费品行业集中度变得极低。

上述任何一个设想都足以让行业彻底改变。虽然从目前来看，这些都还只是设想，但 3D 打印出现至今仅仅 30 年，高速发展时期才刚刚开始。回顾计算机的发展历程，我们相信 3D 打印也将沿着类似的轨迹发展。

第6章
3D 打印市场篇

3D 打印概念最早出现在 20 世纪 80 年代，2010 年 3D 打印产业迎来其增长拐点，开始实现快速成长。2012 年，英国《经济学人》和 Jeremy Rifkin 所著的《第三次工业革命》预言 3D 打印技术会成为推动"第三次工业革命"的核心技术之一。2013 年 5 月，麦肯锡发布《改变生活、商业和全球经济的 12 项颠覆性技术》研究报告，将 3D 打印列为 12 项颠覆性技术之一，并指出到 2025 年这 12 项技术有望对全球经济产生 14 万亿~33 万亿美元的影响，其中 3D 打印的经济影响约为 2 千亿~6 千亿美元。随着技术的发展，3D 打印机越来越多地走入工业制造的各个领域，已经在消费电子产品、汽车、航空航天、医疗等方面得到较为广泛的应用。未来，随着 3D 打印技术的不断发展，以及 3D 打印与云计算、大数据、移动互联网、机器人、社交媒体等技术的结合，3D 打印有望实现更广泛、更普及的应用，在引领高效、个性化生产变革的同时，打开巨大的潜在市场。

6.1　3D 打印行业所处发展阶段

6.1.1　我国 3D 打印行业处于导入后期与成长初期的过渡阶段

产业生命周期理论（Industry Life Cycle Theory）认为：一个产业从诞生到消亡一般会经历导入期（初创期）、成长期、成熟期和衰退期四个阶段。各个阶段在行业竞争者数量、行业盈利情况、市场增长率、技术发展、市场壁垒、产品价格以及行业标准等方面存在不同的表现。

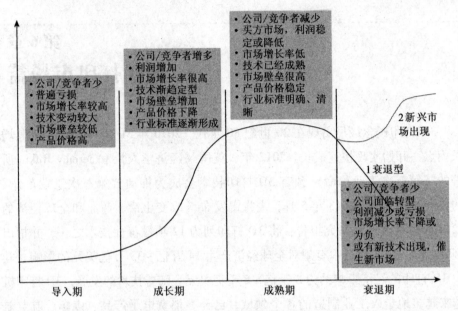

图6-2 行业生命周期理论

资料来源：华融证券。

（1）导入期（初创期）：处于这一时期的行业，市场参与者较少，且普遍处于亏损状态，市场增长率较高，技术不成熟、变动较大，市场壁垒较低，产品价格高。

（2）成长期：在这一时期，行业中的市场参与者逐渐增多，同时，行业利润增加，市场增长率进一步提高。技术逐渐趋向于定型，市场壁垒增加，产品价格下降，行业标准逐渐形成。

（3）成熟期：在这一时期，行业中的市场参与者数量逐渐减少，形成买方市场，行业利润相对稳定或出现一定下降。市场增长率趋缓，技术成熟，市场壁垒很高，往往几家大的企业占有市场主要份额，产品价格也相对稳定，有明确、清晰的行业标准。

（4）衰退期：处于这一时期的行业，企业纷纷倒闭，留存下来的企业竞争者少，很多还面临着转型要求。企业利润减少或亏损，行业的增长率下降或变为负。此时或有新技术出现，催生新的市场。

图6-3　我国3D打印正处于导入后期与成长初期的过渡阶段

资料来源：华融证券。

从产业生命周期理论的角度来看，尽管我国3D打印行业从起步到现在经历了20多年的发展，但前期发展缓慢，现在仍处于导入后期到成长初期的过渡阶段。目前，整个市场参与者众多，据三迪时空发布的一篇报告显示，目前在其网站上注册的3D打印企业超过980家。在近期我们调研走访的企业中，多数处于亏损或盈亏平衡的状态。目前的整体市场增长率为30%～40%。技术方面，渐趋定型，逐渐形成以FDM、SLA、DLP、SLM等技术为主，其他多种衍生技术共同存在的局面。相对来说技术壁垒不高，特别是专利放开的FDM技术屡屡成为创客们涉足3D打印行业的突破口。价格方面，目前的3D打印机价格处于一个下降趋势，市面上两三千元就可以买到一台不错的桌面机。此外，截至目前，我国3D打印尚没有制定出明确的行业标准。

一个行业，当处于生命周期的初期或者行将灭亡的末期，求生的本能会导致其中的多数企业全产业链都有所涉及。就实地调研走访的情况来看，多家受访企业将主营布局在很长的产业链上，试图挖掘可以看到的3D打印产业链上的任何可能的利润，这在一定程度上也反映出我国3D打印行业正处于发展的初期。

这一过渡阶段要走多久，取决于很多因素。例如3D打印技术进步的速度、民众认知度的快慢、供应商主动推广的力度以及政策和资本市场的支持度。

就全球（特指欧美）来看，它们发展 3D 打印技术尽管比中国早了将近 10 年，但是其仍处于导入后期向成长初期的过渡阶段，只是这一过渡过程它们走了更长的时间，相比更接近成长的初期。

6.1.2　目前 3D 打印行业接近于 20 世纪 70 年代的计算机行业，处于黎明前的最后一抹黑暗

图 6-4　1946 年，世界第一台计算机 ENIAC 诞生

资料来源：百度图片，华融证券。

1946 年 2 月 14 日，世界第一台计算机"埃尼阿克"（ENIAC）在美国宾夕法尼亚大学诞生，自此开启了人类的信息化时代。ENIAC 造价约 50 万美元，重量超过 30 吨，占地面积 170 平方米，约有 18000 只电子管，每秒可执行 5000 次加法运算或 400 次乘法运算。

表 6-1　计算机行业突飞猛进的发展

	ENIAC（1946 年）	主流普通台式机（2015 年）
造价	约 50 万美元	600 美元左右
重量	30 吨	<10 千克
占地	150 平方米	0.25 平方米
电子器件	1.8 万只电子管	集成电路（亿量级的晶体管）

续表

	ENIAC（1946 年）	主流普通台式机（2015 年）
运算速度	加法：5000 次/秒；乘法：400 次/秒	>100 万次/秒
功能	计算	多种用途

资料来源：互联网，华融证券。

ENIAC 诞生近 70 年来，计算机经历了突飞猛进的发展。随着晶体管、中小规模集成电路以及大规模、超大规模集成电路的相继使用，计算机发生了几次重大的更新换代：第一代电子管计算机（1946—1958 年）、第二代晶体管计算机（1958—1964 年）、第三代集成电路计算机（1964—1971 年）、第四代大规模集成电路计算机（1971 年至今）。整个历程朝着体积更小、重量更轻、价格更低、功能更强、应用范围更广的方向发展，同时程序和操作更加智能、便捷。特别是随着价格低廉、体积小、重量轻、功能强大的微型计算机，或者说个人计算机（Personal Computer）的出现，使整个计算机行业进入新的里程，计算机迅速得到普及，成为人们工作和家庭生活中不可或缺的部分。

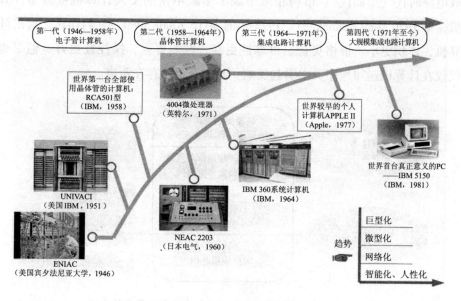

图 6-5　计算机发展历程

资料来源：互联网，华融证券。

站在70年前的历史时点，人们很难想象计算机会进入千家万户，会应用到我们生活和工作的方方面面。世界第一台计算机ENIAC应战争背景而诞生，用于计算炮弹弹道。在出现之初，由于价格、体积、功能、操控性、认知度等因素的限制，计算机只是少数人的专属，不被家庭和大众所接受。在工业中的应用，也主要局限于几个特殊行业的部分环节。而如今，随着自身和外围技术的发展，特别是互联网技术的发展与融合，计算机已进入千家万户，并被广泛应用于社会的各个领域。未来，计算机还将向巨型化、微型化、网络化、智能化和人性化方向发展，在人类历史发展进程中扮演更加重要的角色。

从历史的角度来看，目前的3D打印行业接近于20世纪70年代的计算机行业，处于"黎明前的最后一抹黑暗"。

回顾计算机发展史，20世纪70年代是其最浓墨重彩的一段岁月。从第一台计算机ENIAC诞生开始，人们对计算机技术的创新和应用的探索就没有停止过。而促使计算机的普及，进入千家万户的最直接的因素主要包括：①计算机自身技术的发展；②应用的探索。20世纪70年代，计算机进入大规模集成电路时代（第四代），市场相继出现了多款不错的个人计算机或微型计算机，如1970年的Kenbak-1、1975年的MITS Altair 8080。它们相比之前的计算机，体积更小、价格更低、可靠性更高、性能更强、操控性更好，但是也仅仅在计算机迷和程序员中引起反响，与大众仍然存在距离。

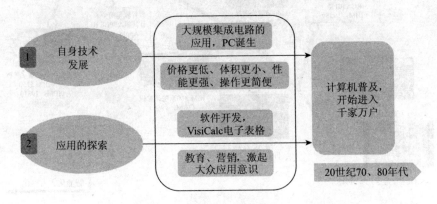

图6-6　计算机上世纪70、80年代走向普及条件分析

资料来源：华融证券。

直到 1979 年，苹果公司推出 Apple Ⅱ，计算机才真正意义地渗透到家庭和办公室，向大众普及。Apple Ⅱ 的成功除了得益于其具有吸引力的价格（售价每台 2000 美元）、强大的市场营销外，更主要是搭载了全球首款商业化电子表格软件——VisiCalc。VisiCalc 作为一款办公软件，迎合了当时人们的办公需求，直接推动了 PC 的普及。

1981 年，IBM 推出 IBM 5150，其价格低廉，体积小巧，开创了"PC 时代"。IBM 5150 每台售价 1565 美元，净重 11.34 千克，同时搭载了微软的 BASIC 语言和电子表格软件 VisiCalc。该款产品的成功，除技术、成本因素之外，还得益于当时 IBM 没有将其设计保密，而是附带了一本技术参考手册，能够让任何一个普通消费者"在数小时内学会使用电脑"。正是这种技术/数据共享行为使得 IBM 的 PC 机迅速建立起一系列的行业标准，并在全球范围内得到推广。到 1985 年，IBM 5150 销量近 100 万台。在其诞生之后的两年时间内，美国 PC 厂商的数量从 25 家上升到 100 家，销售额从 18 亿美元增长至 50 亿美元。

图 6 - 7　配有 VisiCalc 电子表格软件的 Apple Ⅱ（1979 年）
资料来源：百度图片，华融证券。

图 6-8 开创"PC 时代"的 IBM 5150（1981 年）

资料来源：百度图片，华融证券。

3D 打印和计算机一样，同属于生产工具，且在诞生之初都是工业以及少数爱好者和专业人士使用，门槛较高，在经历了 10~20 年的发展后，才都开始向个人领域渗透。3D 打印诞生于 20 世纪 80 年代，经历了 30 年左右的发展，各项技术仍在不断创新，业内人士仍在不断摸索其新应用，同时多种 3D 技术/数据共享平台开始出现，与 20 世纪 70 年代计算机的发展阶段相似。

参考计算机特别是个人计算机的普及历程，随着 3D 打印技术的进一步发展、成本的进一步降低、性能的进一步提高、应用的进一步拓展以及人们对 3D 打印机认知度的进一步提升，3D 打印有望进入家庭和大众生活的方方面面，并应用于工业化生产的各个领域。黑暗中看不到，只是因为黎明还未到来！

6.1.3 基于专利数据看 3D 打印：2013 年开始 3D 打印专利数增多

一种技术的生命周期通常与该技术相关专利数的年度变化存在一定的关系。分析一种技术每年专利数的变化趋势，对于把握该技术处于生命周期的何种阶段具有一定的指导意义。

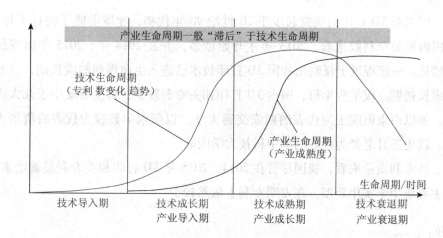

图 6 - 9　产业生命周期与技术生命周期的对比

资料来源：华融证券。

一种技术从诞生到衰退的生命历程中伴随着相关专利数量的变化。在技术的导入期或者萌芽期，相关专利的数量很少；到了技术的成长期，相关专利数量每年大幅上升；而在技术的成熟期，相关专利数每年保持较低增长或相对稳定；到技术的衰退期，每年相关专利数呈现快速下降趋势。

在全球范围内，3D 打印技术专利数量在近 10 年保持了一个较快速度的增长。可以看出，全球 3D 打印技术正处于生命周期的成长期，而且是成长的中后期。

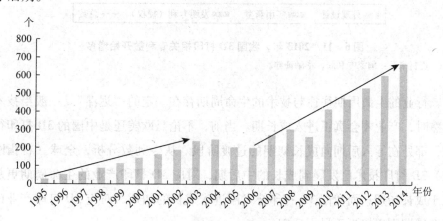

图 6 - 10　全球 3D 打印技术专利数量

资料来源：Wholers，华融证券。

国内对 3D 打印的研究起步于 20 世纪 90 年代初，比欧美晚了将近十年。从国内相关专利数来看，2013 年才开始增多，并在 2014 年、2015 年出现快速增长。一定程度上反映出我国 3D 打印技术已进入生命周期的成长期，且处于成长初期。较早些年份，国内 3D 打印相关专利较少，且主要集中于几大高校，如以卢秉恒院士为代表的西安交通大学、以颜永年教授为代表的清华大学、以史玉升老师为代表的华中科技大学团队。

从专利质量来看，我国尽管在 2014、2015 年 3D 打印相关专利显著增多，但主要集中于实用新型，在发明专利上依然较少。

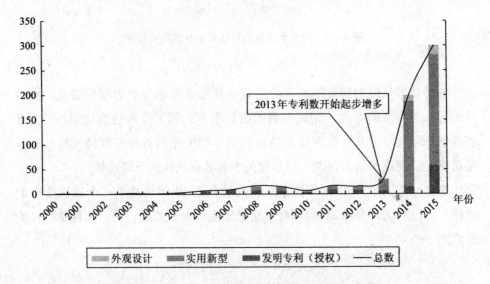

图 6‐11　2013 年，我国 3D 打印相关专利数开始增多
资料来源：国家专利局，华融证券。

行业的生命周期往往与技术的生命周期存在一定的"迟滞"。一般当技术成熟时，产业才会真正进入成长期。当前，不论是欧美还是中国的 3D 打印行业，都处在导入后期向成长初期的过渡阶段。从专利数分析，全球（特指欧美）3D 打印技术已发展到成长的中后期，对应 3D 打印产业的生命周期更趋近于成长初期；而我国 3D 打印技术刚进入成长的初期，对应 3D 打印产业的生命周期则更接近于导入后期。

6.1.4　3D 打印获资本市场青睐

2012 年，世界范围内掀起一股 3D 打印浪潮。2012 年 4 月，英国著名杂志《经济学人》报道称"3D 打印将推动第三次工业革命"。在此前后，欧洲、美国、日本、澳大利亚等国纷纷制定自己的 3D 打印发展战略。其中，在重振制造业的大背景下，3D 打印技术已成为美国的重要国家战略。2011 年 6 月，奥巴马启动"先进制造伙伴计划"，首次提及 3D 打印，并向其提供 5 亿美元以巩固美国在制造业上的领导地位；随后奥巴马在 2012 年的国情咨文中再次强调 3D 打印技术的重要性，并期望打造一个 3D 打印制造业全美网络。

3D 打印在中国真正"火"起来是在 2013 年。首先，以美国为首掀起的世界 3D 打印浪潮席卷中国。其次，北京航空航天大学王华明教授以"飞机钛合金大型复杂整体构件激光成型技术"获得 2012 年国家技术发明一等奖，进一步激起国内对 3D 打印技术的认识和热情。就我们走访的近百家企业涉足 3D 打印领域的年份来看，2013 年、2014 年最多，这在一定程度上也反映出该时段 3D 打印在中国的火爆。

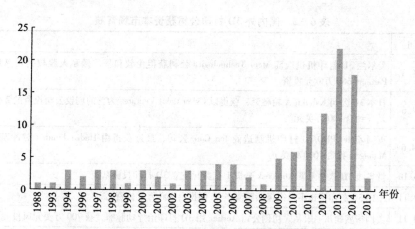

图 6-12　走访企业按开始涉足 3D 打印领域的年份分布情况
资料来源：华融证券。

从大环境来看，国家支持 3D 打印发展。在工业 4.0 背景下，3D 打印技术作为智能制造的一种，得到了中国政府的大力支持。2015 年 2 月，工信部、发改委、财政部联合发布了《国家增材制造产业发展推进计划（2015—2016年)》。其中，明确提出"到2016年，初步建立较为完善的增材制造领域产业体系，整体技术水平保持与国际同步，在航空航天等直接制造领域达到国际先进水平，在国际市场上占有较大的市场份额。增材制造产业销售收入实现快速增长，年均增长速度30%以上。" 2015年8月，国务院讨论加快发展先进制造与3D打印问题，并邀请我国3D打印领域唯一的院士卢秉恒院士在国务院为李克强、张高丽、刘延东以及各部委领导讲授3D打印内容。

1. 一级市场，3D打印企业的融资水涨船高

行业与资本市场往往相互轮动。行业的发展、企业竞争力的培育需要大量的资金支持。资本是聪明的，总会第一时间流入最有前景、最热门的行业。3D打印作为新兴产业，更需要资本市场提供发展资金和流动性支持。而近年来，不论是国内还是国外，资本市场均表现出对3D打印的青睐，融资也是水涨船高，从百万量级到千万量级再到亿量级。2015年8月，Goolge领投美国Carbon 3D公司，投资额高达1亿美元。2015年9月，丘成桐先生创立的3D打印公司GIT获得国内知名机构信中利7500万元的投资。

表6-2　国内外3D打印公司获资本市场青睐

时间	事件
2014.6	爱尔兰3D打印机供应商Mcor Technologies公司获得伦敦和慕尼黑私人股权公司WHEB Partners 660万欧元投资
2014.6	日本3D公司Kabuku A轮融资，获得以CyberAgent Ventures为首的创投公司投资的2亿日元（约合200万美元）
2014.6	英国Zinter PRO 3D打印机制造商Ion Core公司，最近获得由Hedge Fund（对冲基金）Managers投资1000万美元
2014.10	世界级3D软件土豪Autodesk豪掷1亿美元成立3D打印投资基金
2014.11	中国3D打印资讯平台南极熊获清华IE创投会200万元投资
2014.11	美国华盛顿州一家私人初创公司Aortica用3D打印治疗动脉瘤，获700万美元风投
2014.12	3D Systems公司获得一笔1.5亿美元的信贷额度
2014.12	3D企业珠海西通宣布获得西证投资百万美元A轮融资

时间	事件
2015.2	MIT 初创 3D 打印机制造公司 NVBOTS 获得 200 万美元种子资金
2015.2	日本生物打印初创公司 Cyfuse 获得 14 亿日元 B 轮风投
2015.4	在线 3D 打印服务商 Sculpteo 获 Xange 和 Creadev 500 万欧元投资
2015.5	上海 3D 打印耗材厂商 Poly maker 获联想之星领衔的 300 万美元 A 轮风投
2015.6	珠宝 3D 打印公司康硕集团获赛伯乐投资集团超过 1 亿元投资
2015.6	Kwambio 获得 65 万美元天使投资用于扩展 3D 打印平台
2015.7	FabZat 利用 3D 打印提供个性化游戏周边产品获 Alderville Holding 为首的投资机构提供的 80 万美元风险投资
2015.7	3D 打印关节置换物公司 ConforMIS 成功 IPO，募集资金 1.35 亿美元
2015.7	Shapeways 完成 D 轮融资，获得休利特帕卡德、住友商事、联合广场、力士资本等机构 3050 万美元投资
2015.7	光学 3D 打印公司 LUXeXceL 获 PMV 公司 750 万美金 B 轮风投
2015.7	电子 3D 打印机公司 Voxel8 再获 1200 万美元 A 轮风险投资，领投公司是 Braemar 能源风险投资公司和 ARCH Venture Partners，跟投的是 AutoDesk 的星火投资基金和 In－Q－Tel 公司
2015.7	北京威控睿博云打印平台项目获汉鼎宇佑资本 900 万元风投
2015.7	3D 扫描仪公司 Occipital B 轮融资，获得英特尔资本（Intel Capital）领投的 1300 万美元
2015.8	加拿大温哥华 3D 打印人体组织公司 Aspect 获 UBC 种子资金
2015.8	Carbon3D 在 C 轮融资中获得 Google 领投的 1 亿美元巨额投资
2015.8	专业的 3D 打印工业组件制造商 Materials Solutions 获得西门子战略投资
2015.8	日本最大在线 3D 打印服务平台 Rinkak 再获得 Global Brain financing 330 万美元投资
2015.9	清华大学小飞侠煎饼 3D 打印机，获真格基金徐小平千万元天使投资
2015.9	德国慕尼黑专业 3D 打印着色服务公司 DyeMansion 获 EOS 创始人 Hans J. Langer 博士天使投资
2015.9	3D 内容授权平台 Source3 公司获 400 万美元种子资金，Contour Venture Partners 等机构领投
2015.9	丘成桐先生创立的 3D 打印公司 GIT 获得信中利 7500 万元投资

资料来源：华融证券。

2. 二级市场，3D 打印指数远远跑赢大盘

2012 年初至今，3D 行业打印指数相对沪深 300 上涨了 259.23%；2013 年初至今，其相对沪深 300 上涨了 242.81%；2014 年初至今，其相对沪深

300上涨了107.73%；2015年初至今，其相对沪深300上涨了92.05%。

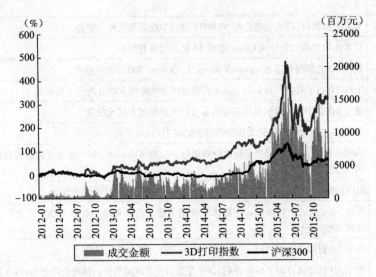

图6－13　3D打印指数相对表现（2012.1.1—2015.12.31）

资料来源：Wind，华融证券。

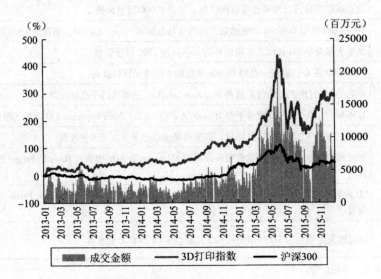

图6－14　3D打印指数相对表现（2013.1.1—2015.12.31）

资料来源：Wind，华融证券。

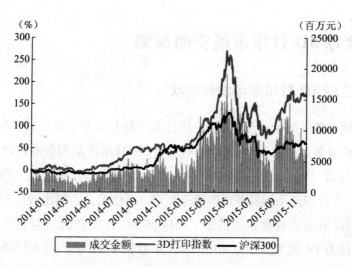

图 6-15　3D 打印指数相对表现（2014. 1. 1—2015. 12. 31）

资料来源：Wind，华融证券。

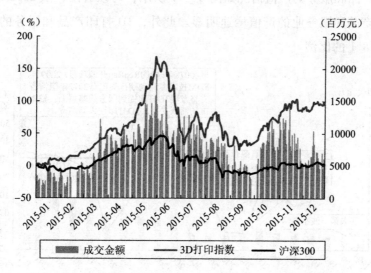

图 6-16　3D 打印指数相对表现（2015. 1. 1—2015. 12. 31）

资料来源：Wind，华融证券。

6.2 全球 3D 打印市场空间预测

6.2.1 全球 3D 打印市场发展现状

随着越来越多的企业开始使用 3D 打印产品和服务，过去五年以来 3D 打印产业增长显著。过去 26 年间，全球所有 3D 打印产品和服务的收入的年复合增长率为 27.3%。其中，2010—2014 年的年复合增长率达到 30.9%。2014 年，全球 3D 打印产品和服务业产值达到 41.03 亿美元，同比增长 35.2%，实现了 18 年以来的最快增速。其中，2014 年 3D 打印产品（包括软件、激光等）收入约为 19.97 亿美元，相比 2013 年增长了 31.6%。3D 打印服务（包括 3D 打印生产的零部件、系统维护合同、培训、会议、广告、咨询服务等）的收入约为 21.05 亿美元，相比 2013 年增长了 38.9%。1994—2014 年全球 3D 打印产品和服务的产值情况如图 6-17 所示，可以看出，从 2010 年开始，3D 打印产品和服务业的产值增速明显。此外，3D 打印产品和服务的产值基本保持 1:1 的比例。

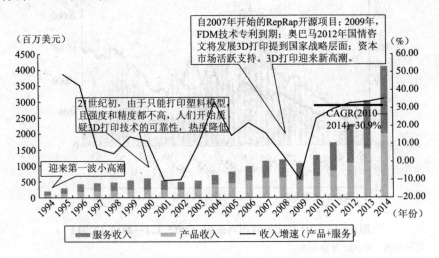

图 6-17　1994—2014 年全球 3D 打印行业收入及增速

资料来源：Wholers，华融证券。

从 3D 打印机分类来看，工业级打印机从 1988 年刚发明时的 34 台已经发展到 2014 年 12850 台的规模，26 年间年均复合增速达到 25.6%，2014 年销售规模约为 11.2 亿美元。消费级/桌面级方面，2007 年出货量仅为 66 台，而到 2014 年已经超过 13 万台。除个别年份外，桌面级 3D 打印机出货量每年均实现翻倍增长，2014 年销售规模约为 1.7 亿美元。尽管桌面级 3D 打印机真正起步于 2007 年，比工业级晚了近 20 年，但桌面级增长更快，到 2011 年出货量已超过工业级。随着 3D 技术的日渐成熟以及民众对 3D 打印认知度的提高，桌面级 3D 打印机未来在相当长一段时间内仍将保持快速增长。

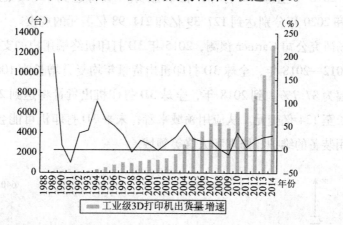

图 6-18　1988—2014 年全球工业级 3D 打印机出货量

资料来源：Wholers，华融证券。

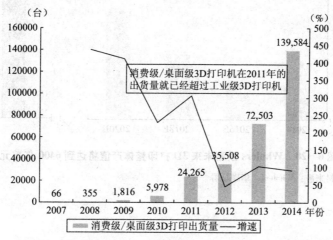

图 6-19　2007—2014 年全球消费级/桌面级 3D 打印机出货量

资料来源：Wholers，华融证券。

6.2.2 其他知名机构预测全球3D打印市场空间

针对3D打印技术的快速发展和推广，众多机构和学者对3D打印产业的未来市场空间做出预测。

Wohlers Report 2015认为若未来3D打印占据全球制造市场的5%的份额，则整体产值有望在未来达到6400亿美元。基于3D打印技术的发展现状和增速预测，2016年全球3D打印产品和服务产值将达到73.12亿美元，并在2018年和2020年分别达到127.39亿和211.98亿美元的规模。

市场研究公司Gartner预测，2015年3D打印机终端用户的支出约为16亿美元。2012—2018年，全球3D打印机出货量年均复合增长为106.6%，同期营收增幅为87.7%。到2018年，全球3D打印机出货量将达到230万台，市场将增长至134亿美元。从应用领域来看，未来3D打印机可能会用于航空航天和军用装备的维护、修理和大修等领域。

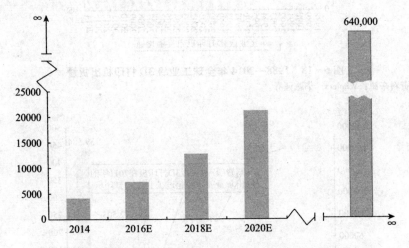

图6-20　Wholers预测未来3D打印整体产值将达到6400亿美元

资料来源：Wholers，华融证券。

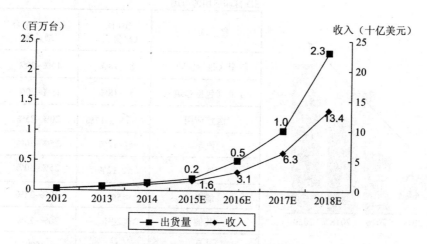

图 6 - 21　Gartner 预测全球 3D 打印机市场 2018 年收入可达 134 亿美元

资料来源：Gartner，华融证券。

科尔尼（A. T. Kearney）则在他的学术报告《3D 打印：一场制造的变革》中预测全球 3D 打印市场（包括硬件、供应和服务）在 2016 年、2018 年和 2020 年分别达到 70 亿美元、110 亿美元和 172 亿美元的规模，年均复合增长率为 25%。具体来看，2014 年 3D 打印技术应用市场的分布情况，占比最大的为航空（包括国防领域）和工业（包括建设领域），市场规模约为 8 亿美元，占比均为 18%。紧随其后的为医疗应用，市场规模约为 7 亿美元，占比 15% ~ 17%。再次为汽车领域，市场规模达到 5 亿美元，占比 12%。

麦肯锡给出了 12 项颠覆性技术的媒体关注及其潜在经济影响的相关预测。虽然技术的炒作和潜在经济影响之间的关系尚不明确，但公司预测未来 3D 打印技术可能对全球 12% 的劳动力，即 3.2 亿制造工人产生影响，影响约 11 万亿美元 GDP 的创造。事实上，3D 打印已经不再是一种技术炒作，而是已逐渐成为一种切实可行的，为制造业、服务业提升效率、创造价值的先进技术。

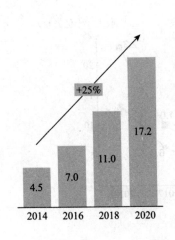

3D打印应用的市场

经济部门	2014年 （亿美元）	未来5年复合 增长率
航空（包括国防）	8，18%	15%~20%
工业（包括建筑）	8，18%	15%~20%
医疗应用	7，15%~17%	20%~25%
汽车	5，12%	15%~20%
珠宝	5，12%	25%~30%
能源	<5%	30%~35%
其他	<20%	20%~25%
共计	45	25%

图6-22　科尔尼预测未来5年全球3D打印市场年均复合增长率为25%

资料来源：A.T. Kearney，华融证券。

6.2.3　华融证券预测全球3D打印市场空间

过去几年，在RepRap开源项目、核心技术专利过期，奥巴马国情咨文将3D打印提上国家战略层面，《经济学人》称"3D打印将推动第三次工业革命"以及资本市场活跃支持等因素的影响下，全球3D打印进入一个快速增长的通道，2010—2014年的年均复合增长率达到30.9%，且增速呈现逐年上升趋势。当前，全球3D打印处于导入后期向成长初期的过渡阶段，且更靠近于成长初期，在未来几年仍将大概率保持较快速度增长。未来3D打印自身技术的成熟度、民众对3D打印的认知度、资本市场和政策对3D打印的支持度等都是影响3D打印未来增长快慢的主要因素。鉴于上述因素均难以预测且不易量化，而各国或地区间的差异又较大，因此对未来全球3D打印市场空间的预测就像预测未来几年的天气一样，存在很大的难度和不确定性。

总体来看，知名机构对于未来3D打印市场规模和增长速度的预估虽然存在一定的差异性，但对于未来3D打印市场的潜力均持乐观态度。毋庸置疑的是，随着3D打印设备成本的下降和配套服务的完善，未来的3D打印市场的应用领域会不断拓宽，3D 打印技术直接或者间接影响的经济规模会逐渐扩大。借鉴上述多家知名机构对未来 3D 打印市场的预测，我们认为 2014—2020 年全球 3D 打印市场收入规模的年均复合增长率在 30% 左右，大概率介于 25% ~ 35% 这一区间。在承认不确定性的基础上，以 CARG = 25% 作为悲观估计、CARG = 30% 作为中性估计、CARG = 35% 作为乐观估计，且假设 2014 年整体市场规模在 40 亿美元左右，则到 2020 年，全球 3D 打印的市场规模大概率在 152. 6 亿 ~ 242. 1 亿美元。

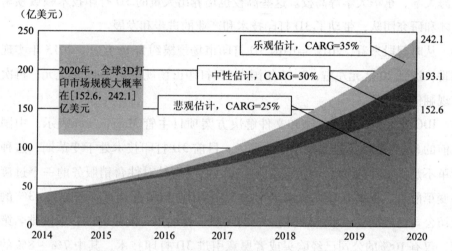

图 6 - 23　2015—2020 年全球 3D 打印市场空间（悲观、中性、乐观）预测

资料来源：华融证券。

6.3　我国 3D 打印市场空间预测

6.3.1　我国 3D 打印市场发展现状

国内在 3D 打印技术上的发展起步较晚。目前，激光器、软件、材料等核心技术都还依赖进口，同时，国内 3D 打印企业的规模普遍较小。国内 3D 打印产业的发展呈现高速增长态势，但地域性发展不平衡，受经济影响较为明显。北京、陕西、上海三地是国内 3D 打印专利申请量最多的城市，研究上则

侧重于生物体制造、塑料成型、图像数据处理、电数字数据处理等领域。陕西、辽宁、湖北等省份重工业基础雄厚，3D打印研究侧重于金属粉末成型、激光烧结成型方法、金属材料镀覆等技术；广东、江苏由于轻工业和生物医药产业基础较好，3D打印产业及技术研究侧重于生物体制造和塑料成型。另外，各地3D打印产业发展也受到人力资源的限制。国内3D打印较为突出的省市多有地区内高校的科研和人才支撑，如北京的清华大学、北京航空航天大学，陕西的西安交通大学、西北工业大学，湖北的华中科技大学，上海的上海大学、东华大学等高校。这些高校也培养出大量的3D打印技术领域领军人才和研究团队，带动了3D打印技术和产业的进步和发展。

从时间段来看，2012年中国3D打印市场规模约为10亿元，2013年实现翻番，达到20亿元左右，2014年国内3D打印市场规模约为47.4亿元，再次实现翻倍式增长。

IDC亚太区成像、打印和文件解决方案项目主管Maggie Tan表示，中国目前的3D打印市场是非常年轻的市场。目前3D打印技术处于变革期，这种变革不是供求性的变革，而是客户认知、供应商针对性营销服务的一个过渡和变革阶段。根据IDC在亚洲国家的3D打印应用情况调查，新加坡43%的受访公司已经购买或者愿意引进3D打印机。排名第二的是韩国。中国排名第四，仅有10%的公司已经购买或者愿意引进3D打印技术，其中7%~8%的公司已经购买，只有2%~3%的公司计划引进3D打印设备。这也说明了目前中国的3D打印技术的普及度不高，但是潜在市场巨大。

6.3.2　其他知名机构及个人预测我国3D打印市场空间

艾媒咨询认为中国作为全球重要的制造基地，3D打印市场的潜在需求旺盛。其预测2015年全国市场规模有望达到78.8亿元，中国3D打印市场的规模将保持30%以上的较高增速，有望在2018年超过200亿元。

世界3D打印技术产业联盟秘书长、中国3D打印技术产业联盟执行理事长罗军在谈到中国3D打印市场时表示，未来3~5年将是3D打印技术最为关键的发展机遇期，如果推进顺利，2015年达到80亿~100亿元人民币，到2016年产值将达百亿元人民币。

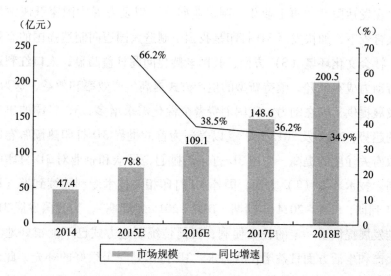

图 6-24 艾媒咨询预测 2018 年我国 3D 打印市场规模将超过 200 亿元

资料来源：艾媒咨询，华融证券。

IDC 则认为 2015 年中国 3D 打印设备出货量可实现翻倍，中国很快会超越日本成为继美国后第二大的 3D 打印市场。随着企业和民众对于 3D 打印技术的认知度的提升，相信未来 3D 打印机将会走入更多的行业和家庭，中国巨大的潜在市场将会被打开。

6.3.3 中国 3D 打印行业的 PEST 分析

对中国 3D 打印行业进行 PEST 分析：政治环境（P）方面，国家鼓励"大众创业、万众创新"，为 3D 打印的发展提供沃土；在工业 4.0 背景下，国家出台了《中国制造 2025》，3D 打印作为智能制造的一种，受到政策重视；2015 年 2 月，工信部、发改委、财政部联合发布《国家增材制造产业发展推进计划（2015—2016 年）》，明确提出到 2016 年，初步建立较为完善的增材制造产业体系，整体技术水平保持与国际同步，在航空航天等直接制造领域达到国际先进水平，在国际市场上占有较大的市场份额，增材制造产业销售收入实现快速增长，年均增长速度 30% 以上。经济环境（E）方面，当前我国整体经济存在下行压力，传统制造业亟待转型升级；中国作为传统制造业大国，在发达国家"再工业化，制造业回流"以及发展中国家低成本优势显现的大背景下，加快发展3D打印是我国由制造大国迈向制造强国的有效途径之一。社会文化环境（S）方面，我国老龄化问题日益凸显，人口红利逐渐失去，劳动力成本上升，亟待新型的生产方式提高生产效率和效益，这为3D打印的发展提供了内在动力；我国消费者个性化需求增多，3D打印的出现契合这样的趋势；2012及2013年，受以美国为首的世界3D打印热潮席卷以及媒体和政府关注度的提高，中国3D打印热掀起，民众和企业对3D打印的认知度提高。技术环境（T）方面，国外3D打印相关技术专利陆续到期（FDM-2009年到期，SLA-2014年到期，DLP-2015年到期），为我国发展3D打印行业的发展提供了一定的技术便利；目前传统制造方式已不能很好地满足人们在生产和生活方面日益增长的需求，3D打印是一个很好的补充；此外，产学研结合更加紧密，"五大3D打印团队"都很好地将学校研究成果转化为产业价值。

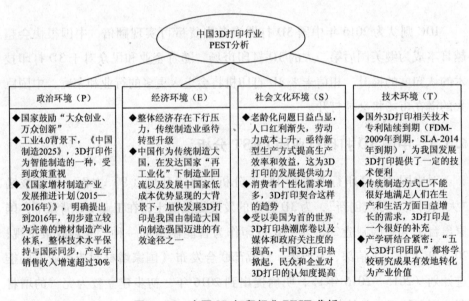

图 6-25 中国 3D 打印行业 PEST 分析

资料来源：华融证券。

7.1　全球 3D 打印行业竞争格局

　　根据 Wohlers Associate 统计，2014 年全球 3D 打印收入规模约为 41 亿美元，其中打印服务收入规模约为 13 亿美元。相对一些成熟行业，3D 打印行业整体规模较小。市场主要集中在北美、欧洲和亚太三个地区。这三个地区的 3D 设备累计装机量占到了全球的 95%，其中四成在北美（美国为主），欧洲和亚太地区各占近三成。美国、德国、日本和中国 4 个国家累计装机量排名前列。2014 年设备销售规模排名前四的国家依次为美国、中国、日本、德国。

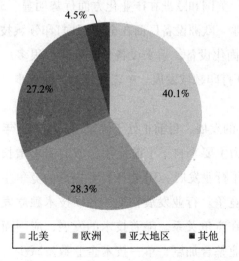

图 7 - 1　截至 2014 年全球工业 3D 打印机累计装机量分布（按地区）

资料来源：Wholers，华融证券。

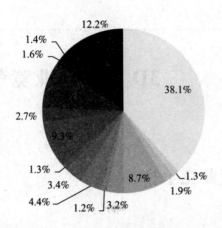

图 7-2 截至 2014 年全球工业 3D 打印机累计装机量分布（按国别）

资料来源：Wholers，华融证券。

美国和欧洲企业在全球 3D 打印行业处于领导地位。在技术方面美国和欧洲起步最早，其他地区普遍起步于 20 世纪 90 年代中后期。3D 打印最初的 4 项技术均源自美国。美国和欧洲在产业化方面优势明显，3D 打印产业链上下游公司多为欧美企业。欧洲设备厂商在金属 3D 打印领域技术领先。日本早在 1988 年就研制出光固化设备，后来设备价格下降，很多厂商退出了市场，近年来也在朝金属 3D 打印领域发展。中国在技术方面起步并不算晚，但在产业化方面相对落后。

行业经过 30 年的发展，目前正处于快速增长期，近年来平均增速在 30% 左右。行业增长动力主要来自于下游应用领域的需求增长，专利技术的到期和行业整合也助推了行业发展。3D 打印行业内部的竞争主要分为技术之间的竞争和公司之间的竞争。行业发展初期，各项技术独立发展，市场也相对独立，企业之间不存在竞争关系。随着技术的发展，应用面扩大，不同技术之间开始竞争。当行业整合加剧，单一技术企业数量减少，技术间的竞争逐渐转变为少数拥有多项技术的企业之间的竞争。结合之前产业链的分析可以看出，目前3D打印行业内部的竞争主要集中在设备厂商之间。

7.1.1　按收入，主要设备企业分两个梯队

3D打印行业设备企业数量众多，规模较大的专业设备厂商有近30家。按照收入水平划分，处在第一梯队的企业有美国3D Systems和Stratasys。2014年两家公司的收入分别为6.5亿和7.5亿美元。通过大量的并购，两家公司从技术单一的设备商发展为集合多项技术的综合服务商。3D Systems在光固化、SLS、MJP（多喷头打印）、FTI（膜转印成像）、CJP（彩喷打印）、DMP（金属打印）、PJP（塑喷打印）六个主要技术领域拥有专利。Stratasys的专利技术主要包括FDM、Polyjet和WDM（蜡沉积成型）。其余公司大多属于第二梯队。处在第二梯队的厂商多在细分领域技术领先，但是技术单一，收入规模相对较小，对产业链上下游的控制力也较弱。EOS作为金属3D打印领域的龙头企业，2014年收入2.16亿美元，设备平均售价68万欧元。Arcam、Ex-One、SLM Solution、Voxeljet收入规模规模均在1亿美元以下。

表7-1　3D打印行业设备厂商分布

成立时间	公司	国家	主要技术	2014年收入（亿美元）	备注
1986	3D Systems	美国	光固化	6.50	
1988	Stratasys	美国	材料挤出	7.50	
1989	EOS	德国	激光烧结	2.20	
1990	Materialise	比利时	数据处理	0.98	
1991	DTM	美国	激光烧结		被3D Systems收购
1992	ReaLizer	德国	激光熔融		
1994	Solidscape	美国	蜡材料喷射		被Stratasys收购
1994	Z Corp.	美国	粘合物喷射		被3D Systems收购
1997	Arcam AB	瑞典	电子束熔融	0.40	
1997	Optomec	美国	激光净成型技术		
1998	POM	美国	金属沉积		
1999	Objet Geometries	以色列	聚合物喷射		与Stratasys合并
1999	Voxeljet	德国	粘合物喷射	0.18	

成立时间	公司	国家	主要技术	2014 年收入（亿美元）	备注
2000	Phenix Systems	法国	激光烧结		被 3D Systems 收购
2002	Concept Laser	德国	激光熔融		
	EnvisionTec	德国	数字光处理		
2005	ExOne	美国	粘合物喷射	0.44	
	Mcor	爱尔兰	纸层叠		
2008	Bits From Bytes	英国	材料挤出		被 3D Systems 收购
	DWS	意大利	光固化		
2009	MakerBot	美国	材料挤出		被 Stratasys 收购
2010	太尔时代	中国	材料挤出		
	MTT Technologies	英国	激光熔融		
	SLM Solutions	德国	激光熔融	0.37	

资料来源：华融证券。

7.1.2 按材料属性，分为金属材料和非金属材料打印两类企业

金属材料和非金属材料是 3D 打印材料的两个主要分类，分别对应不同的打印原理和技术。金属 3D 设备平均售价范围为 10 万～80 万美元（具体价格取决于打印尺寸和材料），非金属 3D 设备一般在 1 万～5 万美元。美国企业多集中在非金属材料领域，欧洲企业多集中在金属材料领域。2014 年全球专业级 3D 打印设备出货量排名前三的公司都以非金属 3D 打印为主。其中美国 Stratasys 和 3D Systems 两家公司的出货量占行业的近七成。EOS、Concept Laser、SLM Solutions、Arcam、Phenix Systems 五家金属 3D 设备厂商累计装机量占全球的80%。由于金属 3D 设备单价远高于非金属，因此出货量方面不及非金属 3D 设备。受专利到期等因素影响，非金属 3D 打印行业竞争逐渐加剧，设备价格出现下降趋势。相比之下，金属 3D 设备的价格仍维持在较高的水平。

7.2　国内 3D 打印行业竞争格局

我国 3D 打印相比欧美国家起步较晚，不论在技术还是市场推广方面均存在差距。其中，技术方面，我国工业级与国外先进技术水平相比落后 10 年左右，桌面级相差不大；市场推广方面，工业级与国外（欧美）相比落后 10 年以上，桌面级落后国外 2~3 年。但正如汽车、高铁等高端制造领域一样，我国 3D 打印拥有全球最大的潜在消费市场。受全球 3D 打印热潮的席卷以及在工业 4.0、智能制造背景下，我国 3D 打印近几年实现快速发展，市场规模几乎是每年翻倍式增长。2015 年，中国 3D 打印市场有望超过日本，成为仅次于美国的全球第二大 3D 打印市场。从中长期来看，中国未来必将超过美国，成为全球最大的 3D 打印市场。正如互联网"预言帝"、美国连线杂志创始主编、《失控》的作者凯文·凯利（Kevin Kelly）的预言，中国在移动互联网领域的发展将会帮助中国 3D 打印技术达到世界级水平，而中国特有的制造业背景，将会帮助中国成为 3D 打印技术的领军者。

7.2.1　中国 3D 打印机行业"波特五力模型"竞争分析

哈佛大学商学院著名教授、竞争战略之父迈克尔·波特（Michael Porter）在 20 世纪 80 年代初提出"波特五力模型"，他认为行业中存在着决定竞争规模和程度的五种力量，这五种力量综合起来影响着产业的吸引力。五种力量分别为进入壁垒、替代品威胁、买方议价能力、卖方议价能力以及现存竞争者之间的竞争。

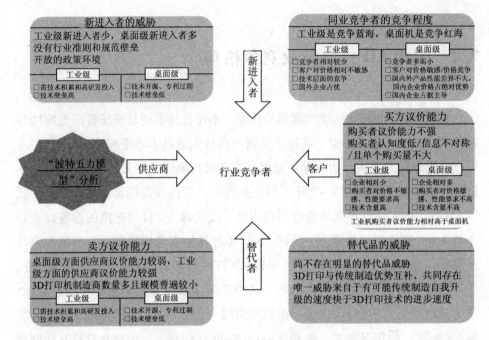

图7-3 中国3D打印机行业"波特五力模型"分析

资料来源：华融证券。

1. 同业竞争

工业级处于竞争蓝海，桌面级处于竞争红海。

（1）工业级。在工业级，竞争者相对较少，主要是国外几家大的工业级生产企业（通过代理商进入中国）和我国几家技术实力强劲的企业在竞争。其中，国外由于研发早、技术成熟，品牌知名度高，占据一定的优势；国内则多数有高校背景或国外相关工作经历或技术引进，在本土应用、价格方面占据优势。总体来说，我国工业级3D打印市场目前还属于竞争的蓝海。由于面对的客户群体对价格相对不敏感，更多的是技术层面的竞争，因此国外企业在目前依然占据优势。但可以看到国内企业在猛起直追，相信很快在国内市场能超过国外企业。国外有EOS（金属打印占优）、Stratasys、3D systems、Envision Tec；国内有西安伯力特、湖南华曙高科、武汉华科三维、北京易加（原北京隆源团队）、上海联泰科技等。

（2）桌面级/消费级。在桌面级/消费级，由于壁垒较低且市场需求多样，竞争者多而小。消费者对价格敏感，更多的是价格竞争，3D 打印市场目前属于竞争红海。在性能方面，国内与国外差距不大，而国内企业占据绝对的价格优势，因此在国内桌面级市场竞争中自主品牌厂家占据主导地位。国外主要是 MakerBot（已与 Stratasys 合并），国内规模较大的主要有北京太尔时代、浙江闪铸、珠海西通等。

2. 新进入者威胁

工业级新进入者少，桌面级新进入者多；没有行业准则和规范壁垒；拥有开放的政策环境。

①没有行业准则和规范壁垒：我国 3D 打印行业正处于从导入后期到发展初期的过渡阶段，且更靠近导入后期，尚缺少相应的准则和规范，导致新进入者没有行业准则和规范的壁垒。②开放的政策环境：在传统制造业转型升级、工业 4.0 背景下，3D 打印作为智能制造的一种，受到国家政策的大力支持。同时国家倡导"大众创业、万众创新"，为新进入者提供了相对开放的政策环境。③技术壁垒方面：工业级 3D 打印机方面需要长期的技术积累和研发投入，存在较高的技术壁垒；桌面级 3D 打印机，相关开源技术且专利过期，技术壁垒低。

综合来看，工业级方面，由于客户对产品性能要求高以及存在较高的技术壁垒，新进入者较少；桌面级方面，客户对产品性能要求不高且技术壁垒低，新进入者较多。

3. 替代品威胁

尚不存在明显的替代品威胁；与传统制造技优势互补、共同存在；唯一威胁来自于传统制造技术自我升级的速度有可能快于 3D 打印技术的进步速度。

3D 打印作为一种新兴技术，更多是以"入侵者"的身份抢食传统制造工艺的蛋糕。以 3D 打印为主体，目前来看尚不存在明显的替代品威胁。3D 打印主要在小批量、复杂件生产方面占据优势，不可能完全替代传统制造，两者在未来应该是优势互补、共同存在。在 3D 打印"入侵"的过程中，唯一存在的可能威胁来自于传统制造技术的自我升级，而这一威胁主要取决于两者各自技术进步的速度。如果传统制造技术的自我升级超过 3D 打印技术的进步速度，则会导致 3D 打印在小批量、复杂件的优势降低，反过来侵蚀 3D 打印原本已经抢占的市场。

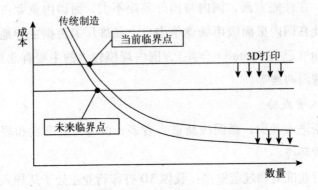

图7-4 3D打印在小批量生产方面占优势

资料来源：华融证券。

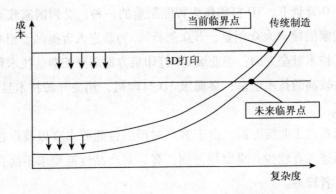

图7-5 3D打印在制造复杂工件方面占优势

资料来源：华融证券。

4. 卖方议价能力

桌面级方面的供应商议价能力较弱，工业级方面的供应商议价能力较强；3D打印机制造商数量多且规模普遍较小。

综合来看，桌面级方面的供应商议价能力较弱，工业级方面的供应商议价能力较强。从3D打印自身角度来看，由于我国3D打印机制造商数量较多且普遍规模较小，因此在与供应商议价方面不占优势。从供应商角度来看，以FDM为代表的桌面级技术含量不高，我国作为制造工业大国，每个部件对应的供应商都较多，因此，在桌面级领域供应商难以形成较强的议价能力。

在工业级方面，由于技术含量高，核心器件，如激光器、软件等，多数来自进口，相关器件的国外供应商要价均较高。以国内某实力较强的工业 3D 打印制造商为例，其一台售价 100 多万元的 3D 打印机需要进口的器件包括 10 万元的激光器、近 2 万元的控制电路、20 万元的光学振镜，此外公司每年还需要向欧洲一家公司支付十多万元的软件服务费用。另据业内相关权威人士透露，仅进口激光器一项的费用平均就占设备总成本的 1/3。

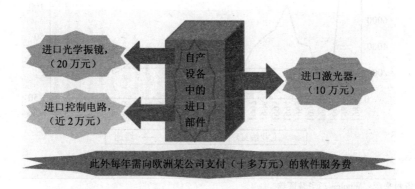

图 7-6　国内某实力较强的 3D 打印企业生产的工业级 3D 打印机
主要部件进口情况

资料来源：华融证券。

5. 买方议价能力

整体买方议价能力不强；购买者对 3D 打印机认知度低，存在信息不对称，且单个购买量不大。

购买者主要通过压价和要求提供较高的产品或服务质量来影响行业中现有企业的盈利能力。目前，我国 3D 打印正处于导入后期向成长初期过渡的阶段，购买者对 3D 打印的认知度依然较低，存在信息不对称，且单个购买量不大，购买者的议价能力都不是太强。相对来说，工业级生产企业数量远少于桌面机生产企业数量、工业级购买者对设备的性能要求高于桌面级购买者、工业级购买者对价格的敏感度低于桌面级购买者、工业机技术含量高于桌面级，从这些维度来看，工业级购买者议价能力低于桌面级购买者的议价能力。

未来一段时间，随着3D打印企业数量的增多、购买者对3D打印认知度的提高以及供需双方信息不对称的逐渐消除，整体购买者的议价能力将有上升的趋势。

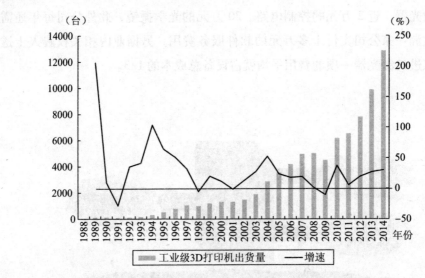

图7－7　1988—2014年全球工业级3D打印机出货量

资料来源：Wholers，华融证券。

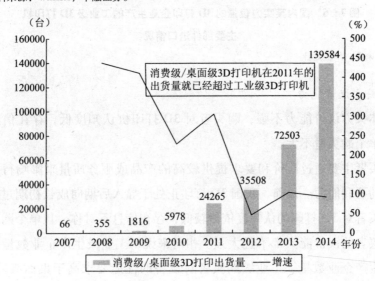

图7－8　2007—2014年全球消费级/桌面级3D打印机出货量

资料来源：Wholers，华融证券。

7.2.2　地理上，我国 3D 打印企业分布不均

地理上，我国 3D 打印分布不平衡，主要分布在长三角、珠三角（广东）、北京，湖北武汉，湖南长沙，陕西西安，山东等地区和省市。其中长三角、珠三角、山东地区临海，相对来说轻工业制造发达，这些企业主要偏重于 3D 打印应用和材料。北京地区偏设备，由于教育、理念等相对发达，主要是桌面级；湖南、湖北、西安地区也偏重设备，这些地区相对来说重工业集中，主要是工业级。

7.2.3　我国 3D 打印企业大体可分为三派：学院派、市场派、新生派

我国 3D 打印企业大体可分为三派：学院派、市场派、新生派。

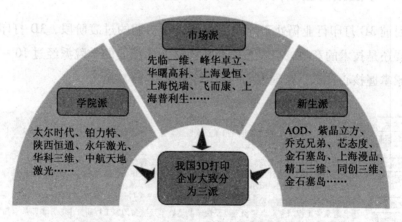

图 7-9　我国 3D 打印企业大体可分三派

资料来源：华融证券。

（1）学院派。以"五大高校团队"（清华、北航、华中科大、西安交大、西北工大）为核心衍生出多家 3D 打印企业，这些企业在技术上有长时间的积累和投入，技术方面具有竞争优势，但由于此类企业往往都是老师和学生作为主力，到了企业，往往会延续之前的状态，更多精力聚焦在技术研发上，缺少在市场方面的开拓。代表企业有北京太尔、西安伯力特、陕西恒通、中航天地激光等。

（2）市场派。则与学院派相反，由于涉足3D打印较晚、技术积累不足，更多精力聚焦在市场。大致有三种情况：一种是有3D打印工作经验的海归创立的企业，如华曙高科；一种是之前代理国外设备然后熟悉并自主开发的企业，如浙江闪铸；一种则是此前做的是3D打印配套业务，而后逐渐往3D打印业务转型，如先临三维。市场派的企业偏应用，整合能力较强。

（3）新生派。多数是在3D打印浪潮兴起后的2013年、2014年成立的3D打印企业，偏桌面级领域和下游的应用领域，创客居多。这类企业不仅缺少技术的积累，对市场的把握也缺少经验。

7.3 国内3D打印"五大高校团队"生态圈

7.3.1 学院派占据国内3D打印行业主导位置

目前3D打印行业仍处于导入后期到成长初期的过渡阶段，3D打印的竞争主要还是技术的竞争，以"五大高校团队"为核心的学院派经过10~20年的积累掌握核心技术，在国内3D打印行业居主导位置。

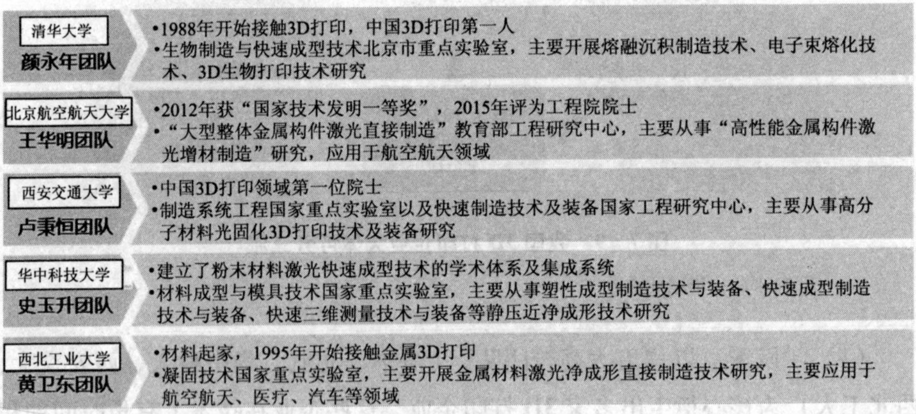

清华大学 颜永年团队	•1988年开始接触3D打印，中国3D打印第一人 •生物制造与快速成型技术北京市重点实验室，主要开展熔融沉积制造技术、电子束熔化技术、3D生物打印技术研究
北京航空航天大学 王华明团队	•2012年获"国家技术发明一等奖"，2015年评为工程院院士 •"大型整体金属构件激光直接制造"教育部工程研究中心，主要从事"高性能金属构件激光增材制造"研究，应用于航空航天领域
西安交通大学 卢秉恒团队	•中国3D打印领域第一位院士 •制造系统工程国家重点实验室以及快速制造技术及装备国家工程研究中心，主要从事高分子材料光固化3D打印技术及装备研究
华中科技大学 史玉升团队	•建立了粉末材料激光快速成型技术的学术体系及集成系统 •材料成型与模具技术国家重点实验室，主要从事塑性成型制造技术与装备、快速成型制造技术与装备、快速三维测量技术与装备等静压近净成形技术研究
西北工业大学 黄卫东团队	•材料起家，1995年开始接触金属3D打印 •凝固技术国家重点实验室，主要开展金属材料激光净成形直接制造技术研究，主要应用于航空航天、医疗、汽车等领域

图7-10 我国3D打印"五大高校团队"发展情况

资料来源：华融证券。

五大高校团队各有其灵魂人物及研究方向。清华大学以颜永年教授为核

心，主要研究方向为熔融沉积、电子束熔化、3D 生物打印。颜老师也被称为
"中国 3D 打印第一人"。北京航空航天大学则是王华明院士团队，主要从事
"高性能金属构件激光增材制造"研究，应用领域主要集中于航空航天。西安
交通大学则以中国 3D 打印领域第一位院士卢秉恒为核心，主要研究方向为高
分子材料光固化 3D 打印。华中科技大学以史玉升教授为核心，建立了粉末材
料激光成型技术的学科体系和集成系统，主要从事近净成形技术的研究。西
北工业大学的黄卫东教授团队则以材料起家，从事金属 3D 打印方面的研究，
应用领域集中于航空航天、医疗、汽车等。

　　未来，随着人们认知度的提高和应用点的开拓，学院派企业在 3D 打印中
的竞争优势或有可能降低，市场派则会逐渐占优。因此，对于学院派的企业
而言，在不断提升技术的同时，更应该注重市场。

7.3.2　"五大高校团队"3D 打印研究成果均已实现产业化

　　"五大高校团队"对 3D 打印均有 10～20 年的研究积累，技术实力强劲。
研究过程中，他们都已将自己的研究产业化，成立了相应的公司。这些公司
在各自领域均是竞争力比较强的企业。

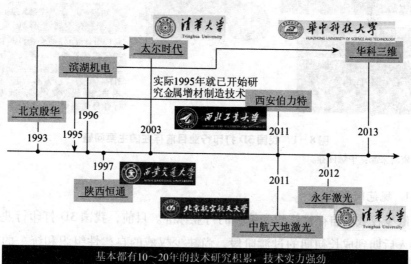

图 7-11　我国 3D 打印"五大高校团队"产业化情况

资料来源：华融证券。

267

8.1 我国 3D 打印行业目前存在的主要问题

3D 打印长期的发展前景一直以来被看好，但从中短期来看，在规范、专利、技术以及专利等层面尚存在一定问题。

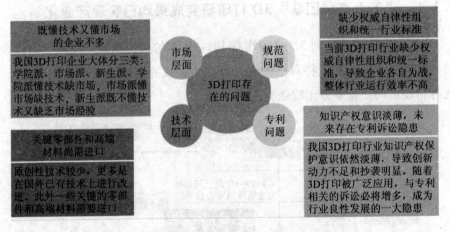

既懂技术又懂市场的企业不多

我国3D打印企业大体分三类：学院派、市场派、新生派。学院派懂技术缺市场，市场派懂市场缺技术，新生派既不懂技术又缺乏市场经验

关键零部件和高端材料尚需进口

原创性技术较少，更多是在国外已有技术上进行改进。此外一些关键的零部件和高端材料需要进口

市场层面   规范问题

3D打印存在的问题

技术层面   专利问题

缺少权威自律性组织和统一行业标准

当前3D打印行业缺少权威自律性组织和统一标准，导致企业各自为战，整体行业运行效率不高

知识产权意识淡薄，未来存在专利诉讼隐患

我国3D打印行业知识产权保护意识依然淡薄，导致创新动力不足和抄袭明显。随着3D打印被广泛应用，与专利相关的诉讼必将增多，成为行业良性发展的一大隐患

图 8-1 我国 3D 打印行业目前存在的主要问题

资料来源：华融证券。

1. 规范问题

缺少权威的自律性组织和统一的行业标准。目前，我国 3D 打印行业正处于导入后期到成长初期的过渡阶段，尚缺少权威的自律性组织和统一的行业标准。在行业发展初期，没有统一的规划和标准在一定程度上有助于行业创新，但是也会导致企业各自为战，整体行业运行效率不高。当前，我国 3D 打

印行业尽管存在多家协会或联盟，但是由于种种原因在全国范围内没有一家具有权威性。发展到现在，我国 3D 打印行业是时候由"官方牵头"建立权威的自律性组织，并统一行业标准。这样既有利于加速行业优胜劣汰、结束当前的混战局面，同时也有助于提高行业整体运行效率、促进行业健康快速发展。

2. 专利问题

知识产权意识淡薄，未来存在专利诉讼隐患。像其他很多行业一样，我国 3D 打印行业知识产权保护意识依然淡薄，部分企业的知识专利"懒"得申请，而部分企业的产品则是建立在别家企业（特别是海外企业）知识产权基础之上。这样的环境导致行业创新动力不足，抄袭明显。随着 3D 打印被广泛应用以及国内与国际市场的进一步打通，与专利相关的诉讼必将增多，成为阻碍行业良性发展的一大隐患。

3. 技术层面

关键零部件和高端材料尚需进口。我国 3D 打印相对起步较晚，原创性技术较少，更多的是在国外已有技术基础上进行改进。此外，由于我国工业基础相对薄弱，一些关键的零件和高端耗材需要进口。例如，在工业机方面，由于技术含量高，核心器件如激光器、软件等，多数来自进口。以国内某实力较强的工业 3D 打印制造商为例，其一台售价 100 多万元的 3D 打印机上需要进口的器件包括 10 万元的激光器、近 2 万元的控制电路、20 万元的光学振镜，此外公司每年还需要向欧洲一家公司支付十多万元的软件服务费用。耗材方面，一些对性能要求较高的领域耗材往往需要进口。

4. 市场层面

即懂技术又懂市场的企业不多。我国 3D 打印企业大体可分为三类：学院派、市场派和新生派。其中，学院派企业在技术上占优，但往往对市场的把握相对欠缺；市场派企业对市场有很深的把握，但往往又缺少技术的积累；新生派，成立时间相对较晚，而且创客居多，不论是在技术积累还是市场把握方面都相对欠缺。

当然，这些问题放在我国3D打印所处的产业阶段：即导入后期到成长初期的过渡阶段，便很好理解。随着3D打印行业的发展，相信这些问题都将逐步得到解决。

8.2 我国3D打印行业未来发展趋势

未来3D打印将向着以下五个趋势发展：

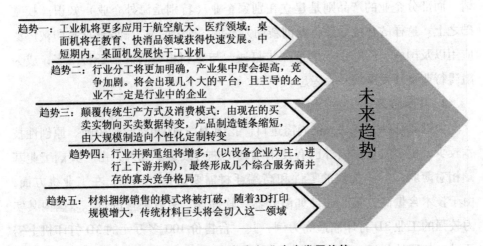

趋势一：工业机将更多应用于航空航天、医疗领域；桌面机将在教育、快消品领域获得快速发展。中短期内，桌面机发展快于工业机

趋势二：行业分工将更加明确，产业集中度会提高，竞争加剧。将会出现几个大的平台，且主导的企业业不一定是行业中的企业

趋势三：颠覆传统生产方式及消费模式：由现在的买卖实物向买卖数据转变，产品制造链条缩短，由大规模制造向个性化定制转变

趋势四：行业并购重组将增多，（以设备企业为主，进行上下游并购），最终形成几个综合服务商并存的寡头竞争格局

趋势五：材料捆绑销售的模式将被打破，随着3D打印规模增大，传统材料巨头将会切入这一领域

未来趋势

图8－2 我国3D打印行业未来发展趋势
资料来源：华融证券。

趋势一：工业机将更多应用于航空航天、医疗领域；桌面机将在教育、快消品领域获得快速发展。中短期内，桌面机发展将快于工业机。

3D打印行业仍处于导入后期到成长初期的过渡阶段，其应用领域和范围正在不断扩大。相信在不久的将来，3D打印的应用将遍及各个行业和人们生活的方方面面。

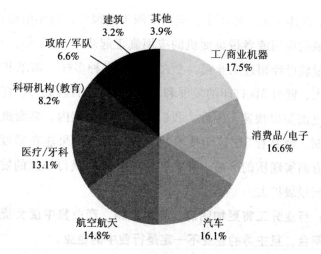

图 8-3　2014 年 3D 打印在各应用领域中的收入分布

资料来源：Wohlers Report 2015，华融证券整理。

基于 3D 打印具有个性化/小批量生产、快速实现复杂件成型、材料利用率高、可实现随时随地打印、不适用于大批量生产等特点，只有在契合这些特点的领域 3D 打印才会得到更广泛地应用。我们研判：在未来，工业机将更多应用于航空航天和医疗领域；桌面机将在教育、快消品领域获得快速发展。航空航天领域一般材料价格高且传统制造方式利用率极低，使用 3D 打印可极大的提升材料利用率，显著提高经济效益。此外，航空航天很多部件相对结构复杂且数量不大，适合 3D 打印可快速实现复杂件成型、小批量生产的特点。医疗领域，患者个体差异明显、身体组织复杂、对价格太敏感等特征契合 3D 打印个性化、快速成型复杂结构件的特点。3D 打印桌面机入门相对简单，随着应用的进一步推广和人们对其认知度的进一步提高，3D 打印相关教育将得到更快的发展。此外，政府已经认识到 3D 打印的重要性，教育领域对于政府来说最易把握，因此并将加大 3D 打印在这一领域的推广。我国要想在未来 3D 打印竞争中取胜，应以教育为先。快消品种类繁多、市场广阔，且消费者的个性化需求在不断上升，3D 打印个性化生产、可实现随时随地打印的特点可满足消费者对快消品"随时随地随心所欲"的需求。

3D 打印在工业领域的应用已有 30 多年的历史，发展至今仍受限于精度、强度、效率、成本上的一些不足，应用范围不是很广，每年增幅也不是很大。而在个人领域的应用或者说桌面机的应用真正起步于 2007 年，到 2011 年桌面机的出货量就已经超过工业机。个人的需求多种多样（需求非标准化）且市场空间更大，随着 3D 打印的发展和人们认知度的提高，3D 打印在这一领域的推广将更加简单快速。因此，我们研判：中短期内，桌面机发展将快于工业机；长期，则要看 3D 打印技术的突破程度，如果能在精度、强度、效率、成本等方面实现质的突破，那么在工业领域将获得快速的发展，市场空间也将成几何量级扩大。

趋势二：行业分工将更加明确，竞争加剧，产业集中度会提高。将会出现几个大的平台，且主导的企业不一定是行业中的企业。

行业尚处于导入后期到成长初期的过渡阶段，在产业链各环节尚未形成大规模的细分市场，多数企业为了生存都在想方设法掘食其中能看到的市场和利润，导致业务链条都比较长。未来，随着 3D 打印行业的发展以及市场规模的扩大，分工将更加明确，更多企业将选择自己占优势的细分市场深耕。此外，随着行业的发展，竞争将进一步加剧，其中的多数企业将被淘汰，产业集中度提高。

目前，3D 打印行业中做平台的企业较多，且通过调研我们了解到还有更多的企业在往这一块转型。从数量来看，3D 打印平台型企业应该是一个"先做加法，再做减法"的过程。由于行业整体规模尚小，多数平台型企业目前都处于亏算或者"僵尸"状态。大家看到了 3D 打印行业未来快速的成长和广阔的发展前景，都提前准备抢食这一尚未被打开的"蛋糕"，因此中短期内数量还会不断增加。做平台，成功与否主要看行业整体规模、资源整合能力、以及资金实力（因为前期基本是烧钱）。随着整个行业市场规模进一步变大，更多有资金实力、整合能力强的企业将进入 3D 打印平台市场，而整合能力相对较弱的、资金实力不强的企业会逐渐退出，最终只会剩下几家大的平台型企业分享这一市场。其中，主导的企业不一定是之前就在 3D 打印行业中的企业，行业外具有资金实力、整合能力强的企业也有可能在这一过程中胜出。

趋势三：传统生产方式及消费模式被颠覆，由现在的实物买卖向数据买卖转变，产品制造链条缩短，由大规模定制向个性化定制转变。

　　人们消费习惯和理念的转变促进了 3D 打印行业的发展，而反过来 3D 打印的发展也催生人们消费习惯和理念的进一步转变。3D 打印作为一种新型生产方式正在潜移默化的改变很多行业业态和人们的消费习惯。3D 打印从中短期来看不可能颠覆传统生产方式和消费模式，但是从长期来看却有可能。3D 打印代表了一个趋势和一种可能，消费者可以由现在的实物买卖转向数据买卖。由此，产品制造的链条缩短，由大规模定制向个性化定制转变。

　　趋势四：行业并购重组将增多（以设备企业为主，进行上下游并购），最终形成几个综合服务商并存的寡头竞争格局。

　　行业处于导入后期到成长初期的过渡阶段，尽管市场已初步形成学院派、市场派和新生派，但是整个 3D 打印行业的竞争格局尚不稳定，仍处于"诸侯割据"、快速扩张时期。

　　尽管全球 3D 打印巨头 Stratasys 和 3D Systems 到目前来看仍然不能说是成功，但它们通过横、纵向并购"从技术单一的设备商发展为集合多项技术的综合服务商"的成长路径值得我国 3D 打印企业借鉴，同时也是我国 3D 打印行业未来发展壮大的必然趋势。随着竞争的进一步加剧，3D 打印行业分化将越来越明显，并购重组将增多。其中，处于主导地位的设备企业将成为并购重组的主力，在整个产业链的上中下游进行并购，最终发展成为 3D 打印综合服务商。从长远来看，将形成几个综合服务商并存的寡头竞争格局。

　　趋势五：材料捆绑销售的模式将被打破，随着 3D 打印规模增大，传统材料巨头将会切入这一领域。

　　3D 打印材料目前多数处于捆绑销售的模式，附加值最高，像 3D Systems 近几年材料销售的毛利率均保持在 70% 以上。从长期来看，这样的高毛利率不可持续，未来会降低。

　　随着 3D 打印材料标准的制定以及 3D 打印市场规模扩大，专业化的 3D 打印材料商成为趋势（研发精力、市场受众比设备厂商占优）。一些传统的材料巨头也会切入这一领域。参与者增多，细分领域竞争加剧，毛利率将呈下行趋势。

8.3 我国 3D 打印行业投资逻辑

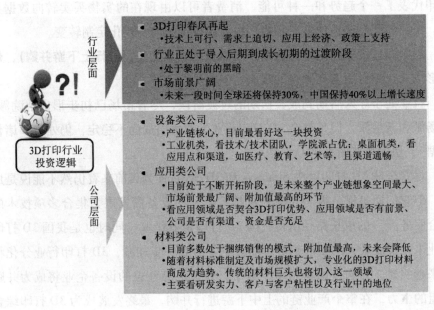

行业层面

- 3D打印春风再起
  - 技术上可行、需求上迫切、应用上经济、政策上支持
- 行业正处于导入后期到成长初期的过渡阶段
  - 处于黎明前的黑暗
- 市场前景广阔
  - 未来一段时间全球还将保持30%，中国保持40%以上增长速度

3D打印行业
投资逻辑

公司层面

- 设备类公司
  - 产业链核心，目前最看好这一块投资
  - 工业机类，看技术/技术团队，学院派占优；桌面机类，看应用点和渠道，如医疗、教育、艺术等，且渠道通畅
- 应用类公司
  - 目前处于不断开拓阶段，是未来整个产业链想象空间最大、市场前景最广阔、附加值最高的环节
  - 看应用领域是否契合3D打印优势、应用领域是否有前景、公司是否有渠道、资金是否充足
- 材料类公司
  - 目前多数处于捆绑销售的模式，附加值最高，未来会降低
  - 随着材料标准制定及市场规模扩大，专业化的3D打印材料商成为趋势。传统的材料巨头也将切入这一领域
  - 主要看研发实力、客户与客户粘性以及行业中的地位

图 8 - 4 我国 3D 打印行业投资逻辑

资料来源：华融证券。

8.3.1 行业层面

1. 3D 打印春风正起

（1）技术上可行。随着计算机、材料、激光器等方面技术的不断发展和创新层出不穷，整体 3D 打印的技术水平也在不断提升，可应用的范围也在逐步扩大。

（2）需求上迫切。当前我国经济整体存在下行压力，传统制造业亟待转型升级。中国作为传统制造大国，在发达国家"再工业化"下制造业回流以及发展中国家低成本优势显现的大背景下，加快发展 3D 打印是我国由制造大国向制造强国迈进和向创新强国转型的有效途径之一。此外，随着经济的发展，我国居民消费水平不断提升，消费观念逐渐转变，个性化需求逐渐增多，传统制造方式已不能很好地满足人们在生产和生活方面日益增长的需求，3D打印正好可以顺应这一潮流。

（3）应用上经济。3D 打印在个性化、复杂件生产上占优，同时材料利用率高，可实现随时随地生产。在小批量生产、复杂件制造、材料利用率低以及对生产时效要求高的行业和领域，3D 打印有其经济性。随着 3D 打印技术的发展，从经济性方面考虑应用范围还将进一步扩大。

（4）政策上支持。近年来，国家多项政策都鼓励和支持 3D 打印的发展。2014 年以来，国家鼓励"大众创业、万众创新"，随之 3D 打印得到了快速的发展。在工业 4.0 背景下，2015 年我国提出《中国制造 2025》，3D 打印作为智能制造的一种，受到政策重视。与此同时，《国家增材制造产业发展推进计划（2015—2016 年）》，明确提出到 2016 年，初步建立较为完善的增材制造产业体系，整体技术水平保持与国际同步，产业年销售收入增速超过 30%。

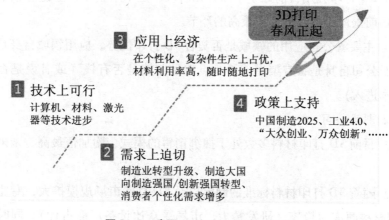

图 8 - 5　我国 3D 打印行业春风正起

资料来源：华融证券。

2. 整个行业处于导入后期到成长初期的过渡阶段，处于黎明前的黑暗

3. 市场前景广阔

（1）目前全球 3D 打印市场年增速在 30% 以上，中国翻倍。

（2）预计未来一段时间全球 3D 打印市场还将保持 30%，中国保持 40%

以上增长速度。

（3）存在3D打印行业不等式："全球行业增速＜中国行业增速＜中国优秀企业增速"。

8.3.2　公司层面

1. 设备类公司

（1）处于产业链的核心，未来将成为整合整个3D打印产业链的主力。

（2）目前最看好这一块的投资。

（3）分工业机和桌面机：工业机厂商，看技术/技术团队，如果技术实力强，那就有投资机会，就国内来看，学院派企业占优。桌面机，由于技术壁垒较低，更多看应用点和渠道。如果下游客户应用点比较好，如教育、医疗、艺术设计等，同时渠道通畅，这家公司就是好公司。

2. 应用类公司

（1）3D打印应用目前处于不断开拓阶段，是未来整个产业链想象空间最大、市场前景最广阔、附加值最高的环节。

（2）主要看公司应用的领域是否契合3D打印优势、应用领域自身是否有前景以及公司自身是否有渠道，再一点就是前期是否有钱（或者说是否有强势的资本进入）。

3. 材料类公司

（1）目前3D打印材料多数处于捆绑销售的模式，附加值最高，未来会降低。

（2）随着3D打印材料标准的制定以及3D打印市场规模扩大，专业化的3D打印材料商成为趋势（研发精力、市场受众比设备厂商占优）。同时，一些传统的材料巨头也会切入这一领域。

（3）对于材料类企业，主要看公司研发实力、客户及客户黏性，以及在现有市场中的地位（行业处于发展初期，行业龙头企业在未来的发展中更有优势，同时也会参与标准的制定）。

第9章
重点企业

9.1 杭州先临三维科技股份有限公司

杭州先临三维科技股份有限公司是国内首家挂牌新三板的3D打印企业，成立于2004年。公司专业3D数字化和3D打印技术，将两项技术进行融合创新，提供装备及服务一体化综合解决方案，应用于工业制造、生物医疗、数字创意消费等领域，拥有金属、尼龙、树脂、桌面等10多款自主3D扫描和3D打印设备产品，形成了完整的产品链。公司在杭州、南京、佛山、温州等地开设线下3D打印创新服务中心，现全面推进"3D打印+互联网"战略，全力建设线上3D打印云平台，形成线上线下3D打印生态系统。借助资本的力量，公司有望占得行业发展的先机。

9.2 三纬国际立体打印科技有限公司

三纬（苏州）立体打印有限公司（XYZprinting），专注于研发、设计及制造3D打印机。2013年，其推出旗下首款3D打印机da Vinci 1.0，以全球最佳的性价比，荣获2014北美消费电子展编辑首选大奖（CES Editor's Choice Award）。XYZprinting拥有独家3D打印机制造技术，致力于开发每个人都能轻松享有的3D打印机。XYZware等专利软件设计，让创意迅速融入数字制造中，透过XYZprinting Cloud的云端打印科技，da Vinci 3D打印机已逐步发展成为划时代的科技产品。

9.3 磐纹科技（上海）有限公司

磐纹科技（上海）有限公司在 2013 年成立，公司创始人团队来自于复旦大学，注册资金 1000 万元，坐落于复旦高科技园。自主研发生产的最稳定、最高效、高精度 PanowinF3 桌面 3D 打印机（拥有 12 项实用新型专利），是世界首台全闭环智能运动控制桌面 3D 打印机，深受国内外客户欢迎。磐纹科技拥有雄厚的研发实力、专业全面的打印服务、国内领先绿色环保打印耗材及先进工业 3D 打印设备。

9.4 上海普利生机电科技有限公司

上海普利生机电科技有限公司是一家融合光、机、电、计算机软件、硬件等技术，集开发、生产、销售和服务为一体的高新技术企业。产品行销世界 50 多个国家和地区

公司前期以制造设备为主，产品的技术水平居世界领先地位。公司通过了 CE 认证。获得了"中国国家检测认可产品质量奖"等各方面奖励和认可，并被国家授予"上海市高新技术企业"的称号。

2013 年公司开始利用自身在感光行业的技术优势和感光设备开发、生产的经验，成功开发了具有原创性完全知识产权的 Prismlab Rapid 系列 SLA 方式的 3D 快速成型设备和配套光固化树脂，具有成型速度快、精度高、尺寸大的特点，已具备批量生产的能力。

9.5 品啦造像

品啦造像总部位于上海，专注于 3D 人像影像储存，通过国际领先的 3D

打印技术，将人像真实等比例打印出来，保存生活的点点滴滴，记录完整的微观世界。品啦造像自创立以来，以帮助实现高级珍藏梦想为追求，籍私人定制为主要特色，面向高阶人事提供高质量 3D 人像打印写真产品及结合贵金属镶嵌工艺的 3D 打印产品。

9.6　Polymaker（苏州聚复高分子材料有限公司）

Polymaker（苏州）是一家 3D 打印材料供应商。公司致力于创新、质量和可持续性研究，以生产安全和优质的材料为目标。公司不满足于简单地遵循现行标准，而是要成为丝材市场的领导者。通过 8 步质量控制流程，公司的丝材不仅保证了最高品质，还提供了多种创新性的特性，使整体打印体验更加出色，同时确保 3D 打印机的效率，并帮助消费者打造强大的、功能性的产品。Polymaker 将不断地提升材料性能，为 3D 打印行业提供更多可选择材料。

9.7　震旦公司 3D 事业部

震旦集团是一家办公设备综合方案提供商，在大陆有完善的营销网络。震旦 3D 事业部成立于 2013 年，与美国 Stratasys 公司合作，代理销售 Stratasys 全系列工业级设备以及相应的 3D 打印解决方案。震旦已成为 SSYS 在大陆最大的代理商。

9.8　西安铂力特激光成形技术有限公司

西安铂力特激光成形技术有限公司是中国领先的金属增材制造技术全套解决方案提供商。公司成立于 2011 年 7 月，注册资本 4000 万元，现有员工

200 人，其中硕士以上学历占 25%，是目前国内规模最大、技术实力最雄厚的金属增材制造技术提供商。

9.9　陕西宇光飞利金属材料有限公司

陕西宇光飞利金属材料有限公司成立于 2000 年 6 月，地处西安国家级航天产业基地，2006 年由中国航天科技集团第六研院下属企业改制成为股份制企业。公司主要从事冶金粉末产品的研制生产，运用等离子枪旋转电极法制备球形金属粉末，是一种新型高科技材料。多年来注重技术创新和研发水平的不断提升，在等离子旋转电极制粉设备研制、制粉技术、制粉工艺等方面的不断创新，生产能力和技术水平均达到了国内领先及国际先进水平，产品能满足不同材料和不同粒度金属粉末的生产需求，并且长期批量供应国内外市场。

9.10　西安非凡士机器人科技有限公司

西安非凡士机器人科技有限公司位于西安国家级高新技术开发区留学生创业园内，是一家高新技术企业。公司创立于 2011 年 9 月，拥有一支由留美博士牵头的专业研发人员和技术工程师组成的创新研发团队，具备强大的软、硬件开发实力。公司现已成为集研发、销售、服务于一体的优质机器人供应商，3D 打印设备专业集成方案提供商，三维数据采集处理行业创新领军品牌。

9.11　陕西恒通智能机器有限公司

陕西恒通智能机器有限公司，作为教育部快速成型工程中心的产业化实体，注册资金 2796 万元。公司以西安交大先进制造技术研究所提供技术支持，主要研制、生产和销售各种型号的激光快速成型设备、快速模具设备，同时从事快速原型制作、快速模具制造以及逆向工程服务。公司产品及服务在全国各院校、汽车电器等企业销售开展十多年，客户近万家，近年已在多个地区成功开展产学研结合的推广基地、制造中心等项目。

公司于 1997 年研制并销售出国内第一台光固化成型机，现已开发出激光快速成型机、紫外光快速成型机、真空浇注成型机、三维面扫描抄数机、三维数字散斑动态测量分析系统等 10 种型号 20 余个规格的系列产品以及 9 种型号的配套光敏树脂等多项处于国内领先、国际先进的技术成果。

9.12　江苏永年激光成形技术有限公司

江苏永年激光成形技术有限公司是一家集金属 3D 打印装备研发、制造以及应用的高科技企业。公司拥有国际先进水平的研发能力，以清华大学为依托，依靠颜永年教授研发团队在快速成形领域二十多年的研究成果和技术积累，通过引进、消化、吸收和再创新，形成自主知识产权，拥有发明专利授权 1 项、实用新型专利授权 6 项、发明专利受理 3 项，2013 年获得江苏省科技支撑计划，2014 年获得江苏省科技创业大赛初创组第二名。公司现有办公及研发场地 3600m²，员工 35 人，其中教授 1 人，博士 1 人，硕士 10 人，本科及大专学历 15 人。拥有 4000W 大功率激光器、库卡工业机器人、激光 3D 光刻成形机、选择性激光熔化（SLM）、多功能激光熔敷沉积成形（LCD）／焊接/切割设备、盘类/轴类激光熔敷修复设备以及功能先进的计算机软、硬件平台和数据库，并与清华大学老科技工作者协会签订产学研合作协议，与清华大学国家 CIMS 工程技术研究中心吴澄院士建立企业院士工作站，是中国 3D 打印技术产业联盟发起单位之一，是江苏省三维打印创新技术产业联盟副理事长单位，是江苏省增材制造专业委员会理事长单位。

9.13　武汉巧意科技有限公司

武汉巧意科技有限公司致力于革命性3D巧克力打印技术及其设备的研发、推广以及相关的技术服务与支持。公司拥有世界领先的技术和研发设备，旨在针对巧克力市场的需求，为用户提供一整套高附加值的解决方案，包括打印设备、耗材、设计服务、终端产品应用和商业加盟方案等。

9.14　武汉滨湖机电技术产业有限公司

武汉滨湖机电技术产业有限公司地处武汉，是一家集3D打印研发、生产、销售、服务于一体的高新技术企业。公司为华中科技大学原校长黄树槐教授创建，以华中科技大学快速制造中心为技术依托，是国内最早从事3D打印技术自主研发的单位之一。自1991年以来，公司先后研发制造出LOM、SLS、SLA、SLM、3DP等不同成型原理的3D打印设备，是目前国内能够向社会提供快速成型系统最齐全、成形空间最大、成形材料种类最多、控制软件开放性最强的研发制造类企业。

9.15　武汉华科三维科技有限公司

武汉华科三维科技有限公司是华中地区投资规模最大的专业3D打印装备研发制造平台，注册资本6000万元人民币；由华中科技大学产业集团、华中数控、华工投资、合旭控股及华中科大快速成型技术团队等联合发起设立的高新技术企业。公司位于武汉市东湖高新技术开发区，拥有一批在国内外享有盛誉的专业3D科研人员，公司以"成为3D打印一体化设备的研、产、销全通道的领军企业；建立国内乃至国际3D打印产业技术协同创新平台"为宗

旨。为实现我国快速成型能力的产业化，为加快我国高端制造业的转型和飞
跃，做出自己的贡献。

9.16　北京原点智汇科技有限公司（AOD）

AOD 由清华大学博士、硕士团队创建，清华大学 x – lab 和清华科技园共
同孵化，专注于智能 3D 打印机的研发、设计、推广以及综合性 3D 打印教育
解决方案的提供。AOD 致力于成为中国创新教育先行者以及科技教育的推动
者。2013 年 12 月 15 日，AOD 在清华大学召开产品发布会，正式推出自主研
发的全球首款智能 3D 打印机。目前 AOD 已获中国青年天使会数百万元天使
投资，获得国家科技部创新基金、清华大学 TOP10 全校创新创业项目评选创
新奖、清华大学校长杯创新挑战赛铜奖、新华都商学院创业大赛 100 万元奖
金等多项荣誉，两次受到清华大学校长陈吉宁接见，受到中央电视台、中央
人民广播电台、人民日报、参考消息、新浪、腾讯、网易等数十家主流媒体
争相报道。

9.17　东莞智维立体成型股份有限公司

东莞智维立体成型股份有限公司是 Sprintray Inc. 在中国设立的 3D 打印设
备和耗材制造、销售及服务的高新技术企业，业务涉及 3D 打印设备和 3D 扫
描设备的产业化、3D 打印技术的个性化改良、3D 打印综合服务和打印耗材
的研发、生产等领域。智维股份在引入国外高新技术的同时，与多家国内高
校建立产学研合作项目，引入了 3D 打印耗材的尖端科研成果，具备强大的产
业链整合能力和国际领先的技术优势。

9.18　深圳维示泰克技术有限公司

深圳维示泰克技术有限公司，由留德博士于 2011 年 5 月份创立，是国内首家专业从事个人 3D 打印机、3D 教学仪器、3D 打印耗材与三维成型产品的开发、设计、生产、销售的高科技企业。维示泰克拥有一批来自全国各地的行业内的顶尖人才，生产的产品具有独立的知识产权，是国内个人 3D 打印机领域的领头企业。

9.19　深圳市光华伟业股份有限公司（易生）

深圳市光华伟业股份有限公司成立于 2002 年，致力于 PLA、PCL 等可生物降解材料产业化的研究，是国家级高新技术企业，拥有材料合成、改性和应用三个研发中心，是国家战略性新兴产业项目、深圳市 3D 打印材料重点技术攻关项目承担单位。

公司自 2007 年开始从事 3D 打印材料的研制，现已成功开发出 PLA、ABS、PVA（水溶性支撑材料）、PC、HIPS、导电和尼龙等各类 3D 打印耗材。我们拥有自主开发的专业生产线，拥有自主知识产权的配方。产品强度高、韧性好、线径精准、色泽均匀、熔点稳定。

公司坚持"品质第一、价格合理"的经营方针，与国内外 3D 打印机生产商、贸易商和用户建立起了良好的合作伙伴关系，产品畅销海内外。

9.20　深圳市三维立现科技有限公司（立现优品）

深圳市三维立现科技有限公司是国内领先的 3D 打印材料制造商。从 2013 年开始，该公司开始了发展 3D 打印材料制造的历程。通过与美国 Natureworks

公司和德国 Covestro 公司的技术合作，打造了业界口碑优秀的立现优品品牌3D 打印材料。目前，三维立现拥有华强北 3D 打印设备体验销售中心和 3D 打印材料生产基地两个事业部门，新建 3D 打印服务中心后，将形成材料制造、设备体验销售和 3D 打印加工服务为一体的"3D 打印全产业链"格局。

9.21　珠海西通电子有限公司

珠海西通电子有限公司成立于 2004 年，专注于打印技术领域的相关产品的生产研发。2010 年西通在国内率先进入 3D 打印技术的前沿领域，投入桌面级商用 3D 打印技术及产品的研发，西通经过多年的不懈努力取得了可喜的突破和进展。

9.22　康硕电气集团有限公司

康硕电气集团有限公司总部位于北京市中关村望京科技园区。作为高新技术企业，康硕集团致力于推动 3D 打印行业的发展，现已形成以全球最高精度 3D 打印机生产、销售、服务于一体的行业知名企业，并依托自身现有优势，整合资源，先后建立了 3D 打印产业链：①引进先进技术，由美国 Solid-scape 公司授权在国内建立全球最高精度的 3D 打印机制造工厂，填补了国内3D 打印市场的空白；②建立了亚洲规模最大的 3D 打印服务中心，为个人及中小企业提供全方位的 3D 打印服务解决方案；③建立了设计师与消费者直接沟通的 D2C（Designer to Customer）平台——以为网，实现个性化订制需求，帮助更多设计师响应国家"大众创业、万众创新"的号召。

9.23　极致盛放设计师事务所

极致盛放是一家国际知名的 3D 打印设计公司，总部位于上海，并在全球范围内提供三维设计研究服务，致力于与3D打印产品相关的定制设计、研发和用户培训，是中国第一家专业三维设计公司。极致盛放能够提供成熟的打印设计服务，其所拥有的核心技术，除了常规的尼龙SLS与SLA，还包括金属和陶瓷，彩色、多材、光敏聚合物，以及石膏和木材等多种材质为打印手段的3D打印技术，是中国目前唯一能够提供多种材料三维设计的企业翘楚，在市场内极具竞争力。

9.24　武汉芯态度科技有限公司

武汉芯态度科技有限公司是一家专注于3D打印机研发与销售，致力于3D打印的推广与应用的高新科技企业。公司是MBot 3D打印机湖北区总代理，是美国3D Systems、Formlabs、MakerBot系列3D打印机的湖北区代理商，是加拿大Creaform与美国NextEngine，Artec 3D扫描仪的经销商。同时，公司提供3D耗材供应及打印服务，为高校与中小学提供3D实验室整体解决方案。

9.25　北京阿迈特医疗器械有限公司

北京阿迈特医疗器械有限公司成立于2011年，是由归国留学人员创立的高新技术企业，地点位于中关村科技园的核心区——中关村生物医药园。注册资本1640万元，公司拥有独特的专利技术和完全的自主知识产权。主要从事生物可吸收产品的研发、生产、销售和服务，是国内最早从事生物组织工程产业化探索的企业之一。

公司拥有一支由专家、教授、博士和硕士组成的专业、创新、全球化的人才梯队，以及国内一流的合作团队和学术权威专家团队。目前公司还与国内外知名高校与科研机构建立了密切的科研协作关系。公司采用3D打印技术生产可吸收血管支架，未来有望取得不错的收益。

9.26 三的部落（上海）科技股份有限公司

三的部落是一家专业提供 3D 应用解决方案的公司，致力于文化创意、先进制造、生物医疗、创新教育等行业上的应用，是国内最早从事 3D 打印的公司之一。该公司成立于 2006 年 12 月，前身是上海交大慧谷数码设备技术有限公司。

公司主营业务包括 3D 打印设备的生产制造、代理销售和为科研院所、医疗机构、大型公司及个人提供从三维扫描、逆向工程、自由建模、三维打印到快速模具的全方位 3D 应用解决方案。主要产品包括：3D Pro 3D 打印机、TDOS 光学三维扫描仪、个性化 3D 服务等。公司从代理国外 3D 打印机起家。目前有自主研发产品，但代理依然占 70% ~ 80%。最早代理的是 3D Systems 的产品，2014 年开始代理 Stratasys 的产品。

9.27 盈创建筑科技（上海）有限公司

盈创建筑科技（上海）有限公司是一家专业从事建筑新材料研发、生产的高新技术企业，公司目前拥有 98 项国家专利证书。

2014 年 3 月 29 日对外宣布成为全球第一家实现真正建筑 3D 打印的高科技企业盈创建筑科技（上海）有限公司，宣布成为全球第一家真正实现建筑 3D 打印房子的高科技企业，并取得了 6 项全球领先的技术和应用突破，在上海青浦张江工业园用全球最大的建筑 3D 打印机打印了 10 套房子。时隔短短 10 个月，2015 年 1 月 18 日再次召开了以"3D 打印 新绿色建筑"为主题的全球发布会，向世界宣布盈创打印出了全球最高 3D 打印建筑"6 层楼居住房"和全球首个带内装、外装一体化 3D 打印"1100 平方米精装别墅"。

9.28　上海悦瑞电子科技有限公司

上海悦瑞是一家专业从事3D打印技术应用解决方案的高科技企业，公司核心团队从2003年组建以来，始终活跃于国内3D打印设备及服务市场。公司在选择性激光烧结3D打印设备、高性能粉末材料等新技术和样件研发、设计验证、小批量生产等新应用领域，都已经成功推出了解决方案，在汽车、模具、航空、航天、军工、医疗、个性化定制和创意产品等多个行业有着广泛的应用。

公司成立于2003年，但真正做3D打印是在2005年。公司主营德国EOS金属3D打印机、塑料打印机的销售和3D打印服务及文化创意。

9.29　上海曼恒数字技术有限公司

上海曼恒数字技术有限公司是以虚拟现实和3D打印作为两大核心业务的民营高科技企业。创建于2007年，总部位于上海，在北京、成都设立子公司，在广州、武汉、济南、哈尔滨设立了办事处。

3D打印围绕"一款设备，两个平台"（一款设备指3D打印机，两个平台指锐打360和3D City）进行，锐打360主要提供专业的3D云打印服务解决方案，而3D City属于创意生活定制平台。两个平台在2014年就已上线，但到目前为止还没有对外推广。"3D＋战略"是聚焦3D打印技术，改造传统产业，脱离3D技术的就让其他企业去做，所有与3D相关的行业，公司都有可能去做。

9.30　上海联泰三维科技有限公司

上海联泰三维科技有限公司成立于2000年，是国内最早从事3D打印技术应用的企业之一，参与并见证了中国 3D 打印产业的主要发展进程，公司现为中国 3D 打印技术产业联盟理事会员单位、上海产业技术研究院 3D 打印技术产业化定点单位。

通过十余年在 3D 打印行业的努力耕耘，联泰三维科技目前拥有国内 SLA 技术最大份额的工业领域客户群，产业规模位居国内同行业前列，在国内 3D 打印技术领域具有广泛的行业影响力和品牌知名度。2014 年 6 月，联泰三维科技荣获"2014 中国 3D 打印机最具发展潜力企业"和"2014 中国 3D 打印服务优秀推荐品牌（工业定制类）"两项殊荣。

9.31　上海福斐科技发展有限公司

上海福斐科技发展有限公司是目前国内 3D 打印行业发展速度最快、规模最大的 3D 打印整体解决方案的供应商。企业自成立以来便始终活跃于国内三维扫描、逆向工程和 3D 打印的高科技装备市场，并迅速成长为该行业的国内领军者，连续几年 3D 打印装备销售额突破亿元。

公司目前的主要业务内容包括 3D 打印装备研发、3D 打印应用开发、装备代理销售、3D 打印及快速制造加工技术服务等。在 3D 打印装备研发方面，公司自主开发了 SLA 工艺的 EWSLA350、450、650 系列 3D 打印机，并成功商业化；在 3D 打印应用开发方面，公司分别在北京及上海建立了自己的装备展示及应用研究中心，中心面积超过 1000 平方米，设备工艺及种类齐全，其中率先在国内开创 3D 打印照相及 3D 打印体验馆概念。

9.32　浙江闪铸三维科技有限公司

浙江闪铸三维科技有限公司成立于 2011 年，是国内首批专业桌面式 3D 打印设备研发生产企业。目前是浙江省 3D 打印协会理事长单位、金华市信息产业协会副会长单位。公司研发团队与中国最高学府清华大学专业团队紧密合作，并拥有独立的 3D 打印研发中心和先进的 3D 打印研发实验室。

　　闪铸科技现有生产厂房一万平方米，月产 6000 台。企业通过 ISO 9000、ISO 14000、OHSAS 18000 系列认证，并拥有几十项国家专利，先后获得双软企业及高新技术企业认定，多项省和国家评定荣誉。公司全系列产品通过 CE、FCC、RoSH 等多项国际质量及环保认证，部分产品通过 UL 认证，获得了国内及欧盟、美国的商标认证。

9.33　北京易加三维科技有限公司

　　北京易加三维科技有限公司成立于 2014 年，公司总经理及主要技术团队出自北京隆源，公司主营业务为基于 SLS 技术的工业级 3D 打印机销售及提供 3D 打印服务。SLS 有两项关键专利已分别于 2005 年和 2014 年到期，公司发展不存在专利技术的障碍。

　　公司主营业务是销售工业级 3D 打印机和提供 3D 打印服务。目前的客户主要是以前在隆源的老客户，主要面向军工、航空、汽车制造厂等客户，提供飞机发动机零件打印、汽车发动机零件打印等高端应用领域。

9.34　宁波乔克兄弟电子科技有限公司

　　宁波乔克兄弟电子科技有限公司成立于 2013 年，由几个归国留学生创立，团队比较年轻，根据工商局数据显示，公司注册资本为 397.75 万元。

　　公司目前的主营业务是基于 DLP 及 FDM 技术生产 3D 打印机，并主要面向珠宝定制市场和玩具市场提供定制服务。从总体上看，公司主要是通过基于 3D 打印技术提供定制化服务的商业模式获利，而不是通过出售 3D 打印机获利，这点上和其他的 3D 打印企业有所区别。

9.35　西安蒜泥电子科技有限责任公司

西安蒜泥电子科技有限责任公司是一家自主创新型的科技企业，专注于智能硬件及先进机器人研发，同时提供 3D 打印和机器人定制服务及解决方案。

公司拥有世界领先的工业级扫描和打印设备，能够提供三维建模、逆向工程、数据修复、快速成型等服务。团队自 2011 年起着力于智能硬件和机器人的研发，现已成功研发 6 代机器人，并为高校提供完善的机器人教育方案。

9.36　杭州铭展网络科技有限公司

杭州铭展网络科技有限公司成立于 2009 年 6 月，是国内最早关注并致力于消费级 3D 打印设备的生产商及专业的 3D 专业打印服务商。公司最早是做 3D 打印服务的（针对商业这一块，建筑模型、科教模型等），后来把业务重心转到了桌面机设备，之后希望在应用创新方面做一些拓展。2011 年底开始出自己的产品。

公司主营 3D 打印设备生产、代理和销售以及 3D 打印教育。在其产出设备中：桌面机属自产，采用开源 FDM 技术，已经到第三代 Mini；工业机是代理 3D Systems 的产品。

9.37　优克多维（大连）科技有限公司

优克多维（大连）科技有限公司是一家致力于 3D 打印应用的高科技企业。公司成立于 2013 年 8 月，总部位于大连，下设哈尔滨分公司，东莞快速成型生产基地。主要业务涉及医疗、建筑、工业、教育、考古等多个领域，兼顾人像成型、工业设计、逆向工程等不同应用方向，并与多家企事业单位就3D打印技术应用达成战略合作关系。

在推动3D打印技术实际应用的同时，优克多维致力自主品牌的研发，并将其打造成优秀的打印机品牌。2013年底，第一台SLA设备UM1诞生并投入生产。2014年5月，第二代DLP打印机UM1+研发成功并批量生产。公司在获得了多个专利的同时，也收获了客户的认同，其DLP机器顺利地进入到了国际市场，在韩国、巴西、阿根廷、新加坡等国家均有了代理商。

9.38　毛豆科技

毛豆科技成立于2014年，是专门的3D打印机研发应用软件公司。公司致力于成为专业的3D打印技术在幼教领域提供应用解决方案的提供商。产品和服务主要有：①嗨屋，将3D打印机应用于民用儿童游乐体验领域；②中小学"3D打印创客教室"，通过自主研发的3D打印应用软件以及课程培训，让小学生亲自参与体验3D打印全过程，并设计完成自己的作品。2015年上半年已经成功在合肥某公立小学和北京某私立国际小学运营一个学期。

9.39　北京天远三维科技有限公司

北京天远三维科技有限公司成立于2002年，注册地为北京，专业从事于视觉三维测量技术领域的解决方案及产品供应，是国内第一家具有国家发明专利的照相式扫描仪厂家，相继推出多种扫描仪产品和技术服务，已经为一汽集团、中国航天员科研训练中心、浙江大学、协和医院、中央电视台等数百家企事业单位及科研机构提供产品和服务，并先后与北京大学、清华大学等国内一流大学共同承担了多项国家863项目和国家科技支撑计划重点项目。

公司的定位是"视觉三维测量解决方案提供商"，属于3D打印的上游行业，主要应用方面，除与3D打印进行结合以外，还可用于逆向工程、三维检测等领域。公司的技术来源是清华大学机械系，目前公司产品精度已经达到国际领先企业德国 Gom 公司的水平。目前公司已经成为新三板公司先临三维的控股子公司。

9.40　南极熊

南极熊是中国成立最早、最大、最有影响力的 3D 打印互动媒体平台和创造性应用平台，专注于 3D 打印领域的媒体资讯、人才和项目。公司整合了众多的 3D 打印企业、创客及创业者等资源。

公司 2012 年成立，目前主要业务包括宣传推广、设备代理、服务对接以及教育培训等，未来将会在项目、人才对接这两方面发力。

9.41　北京紫晶立方科技有限公司

北京紫晶立方科技有限公司成立于 2014 年 3 月，是一家致力于研发、生产和销售低成本、高品质桌面级 3D 打印机的公司。

公司目前发行 Prusa i3、Storm 两款产品，掌握 3D 打印及其配套软件、硬件的多项核心技术。在机械设计、运动控制、电子设计、软件开发等各个层面更是精益求精。并深入掌握了 FDM 成型原理的 3D 打印技术，拥有自主知识产权，FDM 技术的打印水平达到行业领先水平。紫晶立方初步掌握了国内领先的 SLA 成型原理的 3D 打印技术，原理样机已经试制成功。

3D 打印研究调查问卷

时间		地点	
调研对象		参与人员	

1. 基本信息

1.1 公司名称

1.2 公司主营业务？

1.3 公司开始涉足 3D 打印业务的时间

1.4（对于设备企业）公司 3D 打印机是什么级别？

A. 桌面机　　　　B. 工业机　　　　C. 其他＿＿＿＿＿

2. 核心问题

公司规模

2.1 公司 2014 年 3D 打印相关业务的营业收入？	开放问题	调研记录

2.2 公司目前总人数？ A.（0, 10]　　B.（10, 50]　　C.（50, 100] D.（100, 200]　　　E.（200, ＋∞）	选择题	调研记录

股东背景

2.3 公司是否从外面引入投资？	开放问题	调研记录

2.4 如果从外引入投资，是否是知名投资机构或个人？	开放问题	调研记录

续表

2.5 如果从外引入投资，目前到哪一投资阶段？	开放问题	调研记录

技术水平

2.6 公司研发投入占营收比重？	开放问题	调研记录
2.7 公司研发人员占公司总人数比重？	开放问题	调研记录
2.8 公司现有 3D 打印相关技术的来源？（技术路线？自研或外引？自产或代理？代理谁的？）	开放问题	调研记录
2.9 公司是否有 3D 打印相关专利？有多少？	开放问题	调研记录
2.10 公司是否有某项特有技术？处于什么阶段？（研发阶段或试用阶段或大规模应用阶段？）	开放问题	调研记录

商业模式（是否独特新颖、合理）

2.11 公司现有商业模式？	开放问题	调研记录
2.12 后续是否有新的商业模式？	开放问题	调研记录

核心团队

2.13 核心团队教育背景？（与五大技术团队是否有关系？）	选择题	调研记录
A. 中学及以下　B. 大专　C. 本科 D. 研究生及以上		
2.14 核心团队中，之前是否有 3D 打印相关技术或管理方面的工作经历的人员？	开放问题	调研记录
2.15 核心团队是否有一定的激励？（如股权等）	开放问题	调研记录

未来规划

2.16 公司未来业务增速？（成长性）	开放问题	调研记录

2.17 公司未来发展规划？（战略）	开放问题	调研记录
3. 扩展问题		
3.1 您认为行业内还有哪些企业做得比较好？	开放问题	调研记录
3.2 您认为目前3D打印行业推进过程中存在哪些困难或障碍？您认为如何解决？	开放问题	调研记录
3.3 您认为行业会在什么时候爆发？以怎样的形式爆发？	开放问题	调研记录
3.4 您认为3D打印行业的市场空间有多大？	开放问题	调研记录
3.5 您认为3D打印未来在哪些领域最有可能最先得到推广？（消费品、军工、汽车、医药、教育、其他）理由？	开放问题	调研记录
3.6（对于应用型企业）您认为应用3D打印在这一领域相比之前的传统方式有什么优势？	开放问题	调研记录
3.7（对于设备企业）公司是否自产耗材？是否与设备一起销售？	开放问题	调研记录
3.8（对于设备企业）公司打印设备的客户群体主要是？其占比？	选择题/开放问题	调研记录
A. 个人 B. 学校及科研机构 C. 企业 D. 其他_____		
3.9（对于设备企业）公司产品主要应用于什么领域？	选择题	调研记录
A. 消费品 B. 军工 C. 汽车 D. 医药 E. 教育 F. 其他_____		
3.10 公司是否已实现了盈利？	开放问题	调研记录